色を使って街をとりもどす

コミュニティから生まれる町並み色彩計画

柳田良造・森下満 著

学芸出版社

本書は「一般財団法人住総研」の２０１８年度出版助成を得て出版されたものである

目次

5章　ペンキ塗りボランティア隊 in 函館　121

はじめに

本書は「町並みを対象にした色彩論」ではなく、「色彩を手がかりにした町並み論」である。「町並みを対象にした色彩論」とは風土や地域、景観など複合的な要素で組み立てられる環境対象をシンプルな色彩言語で置き換え解釈し、実体概念と切り離した認知の領域で計画を考える方法と言えよう。例えば色彩のガイドラインの策定では対象地域の測色（写真撮影と定量化）を行い、ゾーニングと地域イメージ、評価をシンプルな色彩や言語で置き換え、対象地域での推奨色彩とエリアを設定する俯瞰的な計画の方法である。一九八〇年代から我が国での景観の色彩計画の方法論で、景観法の施行以降ほとんどの自治体で色彩基準を設定することになった根拠の考え方である。しかし、この方法には違和感を持っていた。実体の世界を記号化し、数値化し、解釈・評価・計画することで大切な情報がこぼれ落ちているのではないか、町並みの中の生きた知恵の情報が溢れ落ちているように思えていた。

町並みや建築には固有の色彩を含めた自生的世界がある。固有の風土のもと、三次元の空間と時間の流れ、その中での人々の暮らし、町並みと色彩とはそういう実体のある世界のものである。町並みと色彩を実体として捉えたい、それが「色彩を手がかりにした町並み論」の意図するものである。実体としての環境と色彩を手がかりに町並み、建築論を考えることであり、様式と色彩、建築理論と色彩、地域性と色彩、暮らしと町並み色彩、色彩町並みムーブメントなど、色彩を手がかりにすることにより町並みや建築の新たな領域を切り開けるのではないかと考えるのである。

しかし、町並み色彩を実体として捉える方法というのは実はほとんど開発されてない。歴史上も現代でも美しい色彩をまとった建築は常に存在し、ローマの時代の建築書にすでに色彩の記述があるにも関わらず、近代建築の出発点となったボザールにおける形態・色彩論争での色彩側の敗北の帰結なのか、建築学の分野では建築色彩に関する本が存在しない。建築色彩学の不在は、町並み色彩を実体として捉える方法も困難にしている。

著者らは「環境の教育力による函館西部地区での町並み色彩まちづくりの実践」で二〇一七年度日本建築学会教育賞を受賞した。ペンキが塗られた木造建物はメンテナンスのためにインターバルをもって塗り替えが必要である。建物の外壁（下見板）のペンキ層を調べるとその過去に塗られたペンキが積層している。函館元町地区においてこのペンキ層を「こすり出し」という手法で探った。「こすり出し」から、ペンキ層の中に不思議な円環状の色彩模様（「時層色環」）が現れてきた。当初は「こすり出し」という誰もが参加できるワークショップ型の調査で、しかもペンキ層の色彩模様（「時層色環」）の出現の不思議さ、美しさに単純に面白がっていた。しかしそのうち採取できた「時層色環」を分析する方法を編みだし、多数のサンプルから想像していなかった知見が得られることに気づくことになった。じつはこれは下見板に残されたペンキ層を通して、実体としての建物と色彩の関係、地域の暮らしの中での色彩を探る方法の一つを発見したのではないかと思うようになった。最初の発見は一つの建物が、時代の流れの中で何度も色を変えていくこと、それは地域のシンボルで重要文化財のような建物でも同様で、下見板のペンキ色彩はダイナミックに変わっていくことであった。明治末期に建てられた重要文化財旧函館区公会堂の創建当初の色彩は現代ではとても想像できないような、華やかで大胆な色づかいでその様式を表現していた。その色が戦後、周辺に広がった独特の色彩に影響されたのか、大きく変わる。しかも、その変わった色彩に函館市民は長く違和感なく暮らしていた。それが改めて文化財としての修理復元工事が行わることになった一九八〇年代、色彩も創建当初に復元され、その姿を表した時、函館市民や筆者らは鮮やか色彩に大きな衝撃を受けることになった。函館での明治期に建てられた様式建築は明治初期は白一色、それが明治後半に入ると、ほぼ同時代に世界的流行となったヴィクトリアン様式の華やかなスタイルの影響を受けたのか、旧公開堂のような大胆な色彩の建築が誕生する。それと呼応するように、同時期に建てれた住宅群のうち洋風の住宅のペンキ色彩は初期は白系であったのが、明治末から大正に入ると、国産のペンキの普及などもあり緑や茶など濃い色の建物も現れてくる。しかしまだペンキそのもの高価な材料であり、ペンキを塗っていない建物も相当数あったであろうことも判っている。「時層色環」の分析を通して、そういうことが判ってくるのだが、町並みと色彩を巡る物語としてはさらに面白くかつ複雑である。創建当初そういう建築史的来歴の色彩に塗られた建物が、住み手の思いや環境の影響、時代の転換により、その後何度も変わっていくのである。

町並みとはコミュニティの表象として固有のかたちをもって生まれ、時代とともに機能や設えを変えて、動的に生きていくものであり、色彩がその主要素として変わっていくのも自然のことかもしれない。地域の暮らしを伝える町並みと色彩が時代変遷の中で変わっていくのを、下見板に残されたペンキ層は実体として伝えている。町並み色彩の時代の変化を探る手がかりとしてもうひとつ風景画の存在を考えていたが、神戸・異人館群での「こすり出し」調査で、その重要性を確認することができた。

実体として地域の暮らしの中での町並みと色彩を探る二番目の方法として、建物から採取した「時層色環」を住み手に提示しながら、いつ頃どういう理由で塗り替えたのか、誰がどのようにして色彩を決めたのか、その方法はどうしたのかを探る地域の人々のライフヒストリーを考えた。その調査から色彩の選択には建物の色彩を選ぶ時の地域での生きた「生活知」の存在、具体的には自分の建物へのこだわりや愛着を色彩で表現したいという思い、地区の周辺環境との関係の中で考え、色彩選択の判断すること、地域を巡回し助言した専門家であるペンキ屋の存在など、地域の暮らしの中での町並みと色彩の関係を巡る重層的な生活情報の存在を確認することができた。

地域の住民も参加した函館での色彩研究から高齢化で町家の維持が困難になった建物の外壁の塗り替えサポートを行うボランティア隊の活動が生まれることになるが、同様の取り組みを探っているなかで、町並み色彩ムーブメントとも言えるまちづくり運動の存在を知ることになった。一九八五年に著者が調査で訪れたカナダ東部のセントジョンズ市は、その町並み色彩が近年大きく変わっている。建物の下見板、窓周りや軒などに鮮やか色が塗られ、華やかになった中心市街地の町並みはジェリービーン・ロウの愛称で呼ばれ、観光地としても注目を集めつつある。その町並み色彩の変容を調べると、一九七〇年代後半に、衰退した中心部の歴史的な木造タウンハウスの再生のため、地元の歴史財団が中心となりある街区を対象に、町並み外観をカラフルな色に塗り替え、アーティストが内部空間を活用するリニューアル実験プロジェクトを行ったことが判った。この活性化プロジェクトが御披露目され姿を現したところ、カラフルな町並みの出現に周りの住民が驚き共感し、自分の家も華やかな色彩へ塗り替える現象が次々に起こった。感冒の流行のように拡がっていったそれは、地元の行政がガイドラインを示し指導したものでなく、中心部の歴史的地区のリニューアル再生に共感した住民が、自らの家を塗り替える町並み色彩づくりを進めた結果なのであった。現在カナダ東部の都市にもその影響が飛び火していると聞く。

セントジョンズ市の事例から読み取れることは三つである。第一は町並み色彩が都市のキャラクターを形成する大きな要因のひとつになり、色彩豊かな町並みが観光名所にもなったことである。近年の傾向だけでなく、もともとサンクトペテルスブルグ市などロシアの水色や黄色、緑色のパステルカラーの建物壁面の町並み、東欧やオランダなど都市の広場に面した建物の鮮やかな多色の町並み、トリノ市の黄色の町並み、港町ベルゲンの多色な町並みなど、色彩的特色を有する事例は枚挙にいとまがない。世界的にみて特色ある色彩的キャラクターをもたない都市の方が少数派といえるほどである。二番目が町並み色彩は「コミュニティの色彩」ということである。色彩を含めた町並み景観は、ヨーロッパなどでは都市として長い伝統をもつコミュニティ（地域共同体）の表象であり、地域のアイデンティティや住民の誇り、自己表現の反映として存在するものである。三番目が近年の華やかな町並み色彩形成は行政が指導したものでなく、住民が実験的な色彩プロジェクトに共感し、自己表現として色彩によるまちづくりムーブメントを進めた結果である。このような事例はアイルランド南部のキンセールなどの小都市群、ケープタウンのボーカープ地区、リオデジャネイロのファベーラ、アルバニアの首都ティアラなど、多数あげることができる。

ティアラでは、長く政治的経済的混乱の続いた後、市長に就任した元画家の人物は荒廃した都心部を復興するために、限られた予算の中で公共空間を不法占拠していた建物を撤去し、陰鬱な灰色の建物を鮮やかな色に塗り直した。建物に鮮やかな色彩を使った町並みと公共空間の回復は、人々が忘れていた街に対する思い、帰属意識を呼び覚ました。長年抑え込まれていた市民の感情があふれ出て、街のいたるところに色が現れ、雰囲気が変わると人々の意識にも変化が生まれはじめた。建物の壁を塗り替えた鮮やかな色彩は子供に食べ物を与えた訳でも病人を看病したり、教育を与えたりした訳でもない。しかしそれは住民に希望と光を与えた。その光が見せたのは、これまでと違う気持ちで生活ができるということ、街の暮らしと生活を良くすることができるという、希望である。

自ら住むコミュニティの建物の壁を市民自らが好きな色に塗ることは、時には街を取り戻す大きな力となることがある。町並みの色彩とはそういう契機となり、市民の街に対する思い、帰属意識を作り出す重要な要素のひとつである。伝統のあるヨーロッパなどではコミュニティ固有のものとして町並みにおける色彩の重要性は既知のことのように思われるが、近年のまちづくりムーブメントでの色彩の力は、彼らにとっても新たな発見であったように思う。

本書は色彩を巡る旅に出た記録である。調査で世界を巡った旅であるとともに、町並み・建築と色彩、その思索の旅に出た記録である。町並みと色彩を記号に置き換え評価するのではなく、実体としてその存在を地域の中で住民の暮らしの中で探り、その意味を問うた記録である。本書のタイトルはティアラ市再生の物語の講演(1)“Take Back your City with Paint”から取っている。

二〇二〇年　二月七日　柳田良造

森下　満

1章　なぜ町並み色彩研究をスタートしたか

1──町並み色彩とは

町並みでの塗装の歴史

塗料の歴史は古く、その原形は石器時代の洞窟壁画[1]であると言われ、黄土、赤鉄鉱、炭などを獣脂・血・樹液で溶かして混ぜ、色の顔料が作られていた。日本では縄文時代の遺跡から、漆により素材の保護や美装に用いられたものが出土している。

何故、建物の外部に塗装するのであろうか。建物の表面材料の保護の意味もあるだろうが、色そのもの表現性が強い意味を持っていたように想う。材料、技術が未発達の時代では、顔料の希少性が、どの文化でも権力と関係し、色彩の活用はシンボル的であり特別なケースであった。例えば深緑はイスラムの聖なる色と言われ、現在でもイスラム国家の旗に緑色が使われているが、建築では緑のドーム屋根などで表現されている。緑色の顔料としては孔雀石[2]の粉末が古くから使われてきたが、クレオパトラがアイシャドーに使っていたことで知られているように貴重なものであった。我が国の古代の神殿や神社仏閣に多く用いられていた朱色は、命の躍動を現し災厄を防ぐ色と言われているが、その成分である天然辰砂（水銀が主成分）や鉛丹（酸化鉛が主成分）は貴重で高価なものであるとともに、含まれる水銀は木材の防腐剤としての効果も持っていた。

現代的な意味において都市の町並色彩が形成される契機が誕生したのはルネサンス期以

写真１　ベルゲン・ブリッゲン地区の町並み

降であろう。ルネサンスの建築家たちは、大理石を混ぜ合わせたモルタル塗りのことを「スタッコ」と呼び、盛んに使うようになった。ローマ時代の建築本であるウィトルウィウス『建築書』[3]で、「スタッコ」は石灰、石膏、大理石の粉を混ぜ合わせたものとして描かれていたが、簡略化し顔料を加え、また上塗りが乾いていない状態で色彩を施す手法である「フレスコ」と呼ばれる手法で煉瓦造や石造の建物のファサードに色をつけ、飾っていったのである。スタッコでファサードを塗ることは、例えば十五世紀のジェノバでは、海岸地域で空気中に含まれる塩分のため、漆喰装飾や石が腐食しやすかったため、ジェノバの富裕層がファサードをアーティストに依頼しパステルカラーで壁を塗り直してから、「フレスコ」で錯覚を起こすような絵（トロンプルイユ）を描いている。[4]

　切妻屋根に臙脂《えんじ》や黄土色、白などのペンキで塗られた下見板張りの建物が並ぶ町並みで世界遺産にも登録されているノルウェーのベルゲンのブリッゲン地区は、ハンザ同盟のドイツ商人たちが十三世紀後半に築いたものである。下見板張りの建物はヨーロッパの北側の森林資源の豊富なイギリス[5]、北欧、ドイツあたりから生まれ、十七世紀には北米、十九世紀にはアジア、オーストリアなど世界に広まって、十五世紀頃に開発された油性塗料などの表面保護のペンキで地域毎の特色をもつ町並み色彩形成のもう一つの大きな要素となっていった。「ペンキ」は大航海時代に、主に帆船の木材保護や水密性の維持のために使用されたオランダ語（ｐｅｋ）を語源としたものを指すと言われるように、船と港の建物はペンキを介してつながっていた。

町並みとは共同体の存在表象である。町並みを構成する建物は長い歴史のなかでつちかわれてきた風土固有の素材と色彩で形成される。石や煉瓦、しっくい、モルタル、木は風土固有の素材である。素材の表面を覆う塗料、柿渋やベンガラなどは、素材を風雪から保護するとともに、その色彩は限られた場所で使われ、地域性を表現した。色彩は共同体の存在表象であり、文化現象である。

『明治大正史―世相編』(6)のなかで柳田国男は、我が国の自然界の色彩の豊富さに対し、江戸時代までの生活上の色彩の少なさは「天然の禁色」があったとし、明治に入り「色彩にも近代の解放があった」と述べている。江戸時代までは、青や丹の色の神社仏閣などを除いて、ほとんどの建物は地域固有の自然材料でつくられ、さらにその多くは無塗装の素のままであった。明治期に近代化と都市改変がスタートし、建物には今までなかった人工的、化学工業的な材料も登場し、表面を覆う塗料自体も急速に発展し、多様化したことにより状況は大きく変わった。都市には様々の材料や色彩からなる建物や土木構築物が作られ始めた。さらに戦災とそれに続く戦後の激しい都市改変の中で、我が国の都市空間は地域性や場所性を喪失し、我が国で地域コミュニティの町並み色彩ついて、その自生的秩序を探るのは大変困難な時代になった。

しかしそういう中で偶然にも、柳田国男のいう「色彩にも近代の解放があった」明治以降にその都市形成が始まり、大火復興などを何度も経験する特異な都市史をもち、庶民の暮らしに下見板建築とペンキがとけ込んだ函館を、色彩の街としてわれわれは再発見することになった。コミュニティでの町並み色彩の自生的秩序を探る研究をスタートすることになったのである。

我が国での建物塗料としてのペンキが登場するのは、幕末の長崎出島の商館や一八五四年（嘉永七年）かけて全国各地にペンキ塗りの洋風下見板張り建物が建てられるが、それらが群をなして町並みを形成するのは幕末に開かれた神奈川（横浜）、長崎、函館、兵庫（神戸）、新潟の開港場であった。これら開港場において外国人の居住や通商のための特別区として設置されたのが居留地であり、その周辺に日本人と外国人が混住する雑居地が形成された。これらの開港場の中で、現在もペンキ塗りの洋風下見板張り建物が群として残るのは、函館市西部地区、神戸市北野町山本通地区、長崎市東山手地区および南山手地区である。いずれも重要伝統的建造物群保存地区に選定されており、日本の代表的な下見板張り建物のペンキ色彩からなる町並みであるといえる。

さらに北海道では一八六九年（明治二）には国の官庁である開拓使が設置され、アメリカ開拓の影響によるペンキ塗装が施された洋風下見板張り建物が建てられ始める。一八七三年（明治六）に竣工する札幌の開拓使庁舎や、重要港湾と位置づけられた函館でも一八七八年（明治一一）旧函館博物館一号館が竣工する。

開港場と開拓使から始まる函館の明治の都市形成は大火の歴史でもあった。二千戸以上焼失のものだけでも一八七九年（明治一二）、一八九六年（明治二九）、一九〇七年（明治四〇）と続く。しかし港湾都市として成長を続ける函館は大火の度に新たな都市開発を行い発展していくが、一九〇七年（明治四〇）の大火は焼失戸数八千九百七十七戸、当時日本五港のひとつと言われた函館港の市街地の大半を失い、それまでの被害をはるかに超える大災害であった。この時も函館は日露戦争後の好景気が背景にあり、それまで以上に港周辺に大規模なレンガ造建物やペンキ塗り事務所建物が港近くに次々と建てられていくとともに、住宅地に一戸建ての邸宅や町家のみならず、二戸一などの長屋においてもペンキ塗りの洋風木造下見板張り建物が建てられ、主に一般庶民の住宅群がつくるペンキ色彩の町並みが形成される。商店や庶民の住宅群は一階が和風の格子、二階がペンキの塗られた下見板張りという独特の様式の上下和洋折衷町家というスタイルで都市建築が造られていった。それらは下見板の外壁や窓、軒の装飾に、緑、ピンク、ベージュ、白、水色、茶、黄色など様々な色のペンキが塗られ、個性的な街並みを港と函館山麓に囲まれた西部地区の通りや坂道に沿ってつくりだしていった。開港場と開拓使の伝統に加え、港の船に使ったペンキを建物にもよく塗ったという港町ならでは身近な材料としてペンキの存在という面もあった。函館は旧居留地のような特別な場所だけでなく庶民の暮らしの中に、特に建物の下見板に塗るペンキ色彩が存在したのである。

2 — 町並み色彩研究スタート

町並み色彩への関心の誕生

一九八三年、町並み色彩研究の大きなきっかけとなった出来事、我々にとっては事件が起こった。その年、西部地区のシンボルとも言える重要文化財旧函館区公会堂が文化庁の綿密な調査のもと、大規模な保存修復工事が完了し[7]、一九一〇年（明治四三）の創建当初に復元された姿を現したのである。建物の修復とともに、外観の色彩も変えられ、ピンクの壁に白のトリムカラーの色彩が青灰色と黄色の何とも鮮やかな創建当初の色彩に復元された（写真2、3）。これは函館市民にとっても大きな驚きの出来事であった。青灰色と黄色、明治の洋風文化の建物色彩はなんと大胆で強烈なものなのか。もしかすると戦前の函館には今では及びもつかないようなハイカラな色彩の町並みが形成されていたのではないか、我々の想像力は膨らんだ。それとともに重要文化財になるような公共の建物の外観の色彩がどうして、オリジナルと異なるピンク色のような軽い色に塗り替えられたのか。誰が、何故そのような色の塗り替えを行ったのか、不思議な思いにもとらわれた。同じく重要文化財の遺愛女子高校本館（一九一〇年〈明治四三〉）も現在はピンク色の外壁に塗られているが、創建時に濃い色で異なるものであることがわかっている。札幌の豊平館（一八七九年〈明治一二〉）も重要文化財の保存修復工事[8]により、創建時は異なる色彩であったことがわかり、復元されている。創建から百年を超える重要な建物外観の色彩が時代の流れの中で、大きく変わっているのである。庶民の住宅などもおそらく時代の流れの中で変わってきていると考えられる。

現在、筆者は外壁の一部と窓の定期的な塗り替えメンテナンスが必要な住居に住んでいる。二十年になるが、今まで二回塗り替えを行っている。現在の色は創建時から変えてはいないが、将来家族の変化や何かの出来事などで、気分が変われば色を変えるかもしれないなと考えることがある。建築とは時代とともに用途、増改築など設えを変えて動的に生

写真２ 保存修理工事前の旧函館区公会堂
外壁は淡いピンク、窓枠・柱型等は白色であった。1958年頃に塗り替えられた配色と推定されている。

写真３ 保存修理工事後の旧函館区公会堂
1983年、外壁のブルーグレー、窓枠・柱型等の黄色の創建当初の配色に復原された。

写真４ 豊平館の保存修理工事前
外壁、窓枠・柱型等とも白色であった。

写真５ 豊平館の保存修理工事後
1986年、創建当初の外壁が白色、窓枠・柱型等がウルトラマリンブルーの配色に復原された。

きていくものであろう。

こすり出し調査

ある時仲間のひとりが歴史的な下見板建築の外壁を観察していて、壁や窓枠に何層にも塗り重ねられていたペンキの層を発見した。過去の時代に塗られた色が外壁のペンキ層に現在も残っている。過去のペンキ塗り替えを探る手がかりがペンキ層の中にある。「この古い下見板に残ったペンキの層は時代の色を証言する歴史の生き証人ではないか」。この仮説を実証的に明らかにしようと、一九八八年トヨタ財団主催の「身近環境を見つめよう研究コンクール[9]」に応募したことが函館町並み色彩研究の本格的なスタートとなった。

そこで、行った調査方法が、町家の下見板や窓枠などに残されたペンキ色彩の過去を探るという調査であった。下見板に残されたペンキの層の研究としては素人のわれわれは文化財保存の技術者として、当時ハリストス聖教会の修復事業で函館に滞在していた麓《ふもと》氏(10)を訪ねた。麓氏を指導教師に、洋風下見板建物の下見板や窓枠に塗られたペンキの層を分析するサンドペーパーをつかった「こすり出し」手法を伝授してもらった。その手法はまず荒い目のサンドペーパーをつかって、ペンキの層を表面から下の木地の部分までこすっていく、すると塗り重ねられたペンキの塗膜が削られて次々と表面に出てくる。次に目の細かいサンドペーパーをつかって削ったかたちを整え、最後にスポンジの水できれいに表面をぬぐう。するとペンキの層が樹木の年輪のようにくっきりと下見板や窓枠の中に浮かび上がる。その何とも不思議な色彩の年輪を、ペンキ色彩を通して時代、環境、生活の様相を表すものとして「時層色環」と名付けた。「時層色環」はいわば偶然の産物にすぎないが、建物毎に顔をもち、そこには建物とともに生きてきた人たちの思いがつまっているように思えたのである。

　次に調査はペンキ見本と照らし合わせながら、「時層色環」各層の色を記録し、さらに色彩補正用のカラーチャートと一緒に写真をとり、最後は補修用のペンキで表面を元の色彩に合わせて塗り戻し、一連の作業が完了する。函館で収集した「時層色環」は全部で八十五棟分である。分析の結果「時層色環」のペンキの層は最も多い建物で二十一層もの層が現れ、平均でも八〜九層のペンキ層が現れた。その層の数と建設年代から、多いもので数年に一度、平均で十年程度に一度の割合でペンキが塗られていることがわかった。そのペンキの色彩は一つの建物でもめまぐるしく変化し、白、グレー、黄色、緑、青、ベージュ、茶、と様々な色彩へつぎつぎと変化していくものがあった。

　後に「こすり出し」調査の旅はアメリカのボストンやサンフランシスコ、神戸の異人館群、ノルウェーのベルゲンにも遠征していくことになるが、それらの調査分析から函館のようなめまぐるしく色彩が変化する「時層色環」はかなり珍しいということがわかってくる。しかし当時は建物のペンキ色彩とは塗りかえ毎にこんな変わるものだということに、驚いているばかりであった。

住民の暮らしと色彩の関わりを探る方法

ペンキは、下見板などの外壁の表面を保護、維持することを主たる目的としている。そこでは建物の維持管理上必要な数年単位の塗り替えという、住民の日常的、周期的な生活行為が直接的に町並みの形成、維持にむすびつくという独特の関係性がある。塗り替えの際の色の選択を通じて、住み手の景観への働きかけや時代の色の流行が生じる可能性があるのである。ペンキ色彩の町並みの変化をさぐることは、このようなペンキ色彩と住民の営みの関係、その歴史の蓄積をさぐることにほかならない。

それでは様々な色に塗られた下見板の色彩の、その色の選択は誰によりどのように決められたのか、暮らしの中の町並みの色彩をさぐる研究は、建物から採取した「時層色環」を住民へ見せながらのライフヒストリー調査を行うことになった。どうやって建物の塗り替え時の色彩選択を行ったか、またその方法をさぐることは非常に興味深いことであった。

調査から地域の建物所有者の色彩への関心は高く、ほとんどの場合色彩の選択は自ら決めているということがわかった。色彩の選択は、「港をイメージする明るい色として」「公会堂や学校などの有名な建物にあこがれて」など場所や建物のイメージから選ばれた場合や、「娘がいるのでピンクのかわいらしい色を選んできた」「建物の輪郭を白くして建物を大きく見せたい」など家のイメージを表現したものとか、「塗り替えは向かいや隣と一緒にし、色も同じもの」、など隣近所との関係で選んだもの等、様々な視点から環境との関わりのなかで色彩を考えていることがわかったのである。函館以外の一般の住宅地でよくいわれる、汚れが目立たない色、落ちついた色、飽きのこない色等の消去法的な発想で色が選ばれることがほとんどないのである。ピンクや青、緑、黄色など一般の住宅地であまり使われない色彩も函館の歴史的建造物に塗られると実に映えるし、楽しい町並みをつくりだす。函館の街の風景の中では、ペンキ色彩はささやかだが、楽しい自己主張の表現となっているのである。また、かつては塗装業者がペンキ缶を自転車に積んで街中を巡り、外壁の塗装が痛んでいる建物を見つけると塗り替えを進めて回っていたという。手づくりで住民たちが街の色彩を考え、つくりだしていく条件もまた備わっていたのである。それは、ある高齢の女性の「私はこの家に嫁入りした時の建物の色をよく憶えている。……二十年前、周辺にピンクの建物が多くあり、自分もピンクが良い色だと思ったのでそれを塗ることにした。ピンクの色は気に入っているので今後もピンクを塗ろうと思う」という言葉に象徴的に表されていた。ペンキが単に建物を保持する道具ではなく、人々が意志を表現する道具でもあるということがわかってきたのである。まわりと調和して生きたいとか、公会堂の色にあこがれてとか、動機はそれぞれにあろうが、そこに人々の自己表現が見えてきたのである。ペンキの色彩にこめられた地域にすむ人々の街への思い、色彩に託した楽しい自己表現のあり方は我々の函館の街に対する再発見をもたらしたのである。

2章　ペンキこすり出しによる町並み色彩の読み方

1 ペンキこすり出しで得た時層色環の分析方法

こすり出し調査

函館でペンキこすり出し調査をおこなったのは西部地区の歴史的景観地域内で、下見板張りでペンキが塗られた建物、八十二棟である。また東部地区といわれる五稜郭周辺で、西部地区の遺愛幼稚園とゆかりのある遺愛女学校の建物を含む公共的な建物三棟も調査に加えた。図1は西部地区の調査建物八十二棟の分布である。建築年は一棟を除いてすべて大火のあった一九〇七年（明治四十）以降で、明治と大正がそれぞれ三十三棟を占めるが、戦後のものも五棟あり、下見板張り建物が比較的近年まで建てられていたことがわかる。

下見板張り洋風建物には、洋風タイプと和洋折衷タイプがある。建築意匠的なことを述べると、洋風タイプは一、二階とも外壁を下見板張り、縦長窓、一階と二階の境界には胴蛇腹、二階の軒には軒蛇腹、持送り、飾りパネルの洋風意匠をもつ（写真1）。和洋折衷タイプは、一階を横長の格子窓等の和風意匠とし、二階を外壁下見板張り、縦長窓、胴蛇腹、軒蛇腹、持送り、飾りパネルの洋風意匠とするものである（写真2）。

こすり出し調査では、ファサードで最も面積の大きい、したがって町並みに最も影響の大きい外壁下見板を主な発掘・採集部位としたが、太陽の直射光のあたる南面と海からの潮風を直接受ける北東面は除外し、できるだけペンキ層の残っていそうな面を選んだ。窓

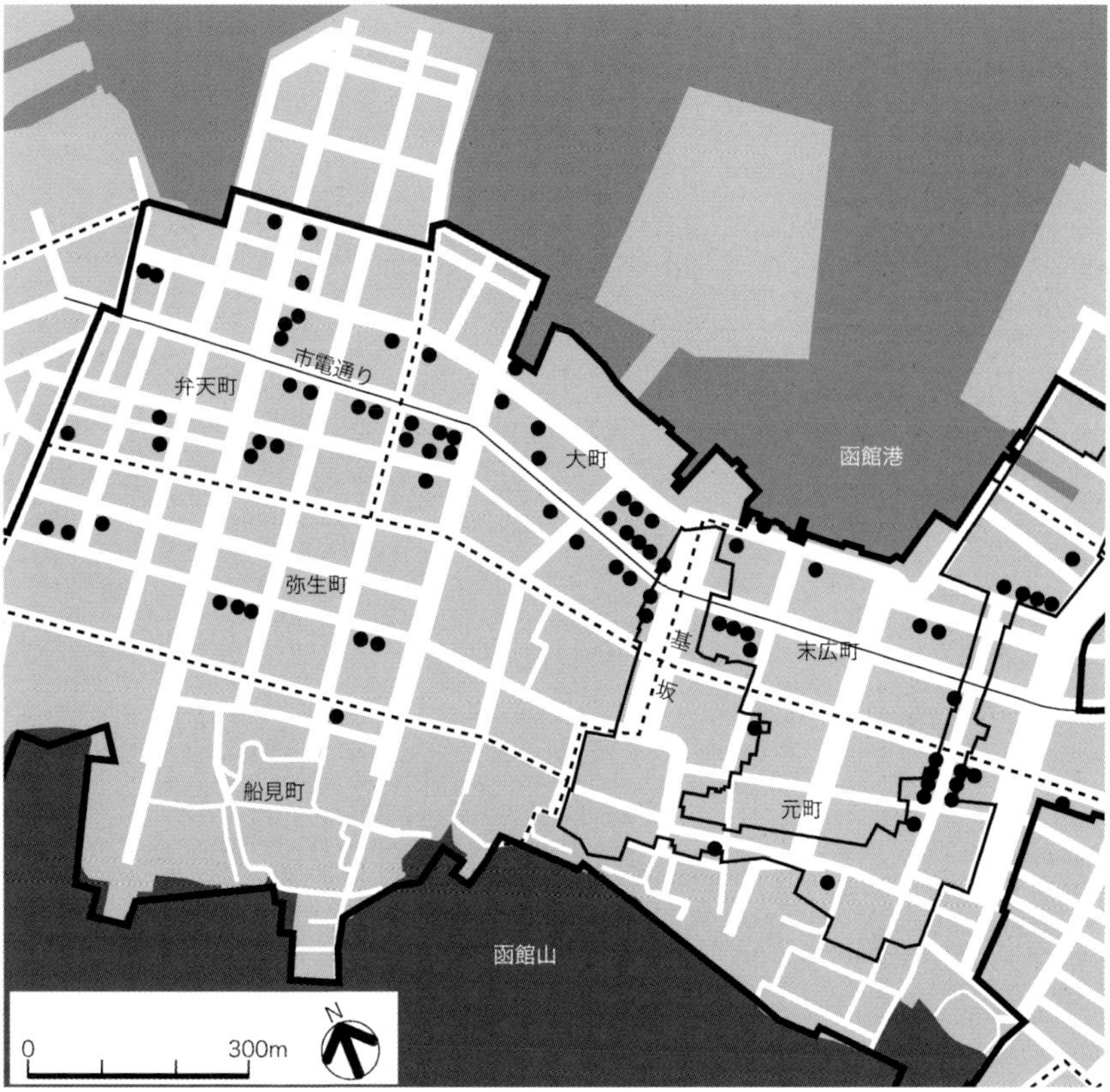

図１　調査対象の函館市西部地区歴史的景観地域と建物 82 棟の分布

●が調査対象建物 82 棟を示す。太線で囲まれた区域が歴史的景観地域、細線で囲まれた区域は元町末広町伝統的建造物群保存地区、破線は町会を示す。

枠、柱型、胴蛇腹、軒蛇腹、軒持送り、軒飾りパネルなどの細部意匠は、装飾的効果を高めるために外壁下見板と異なる色彩を施す場合があるので、外壁下見板との比較として調査を行った（図2）。

出現した時層色環は建物ごとにすべて異なるパターンをもち、得られたペンキ層数は外壁下見板が最多二十一層、平均六・七層、中位値六層であった。外壁以外の部位では、窓枠が最多二十層、平均八・二層、中位値七および八層、柱型が最多十八層、平均七・六層、中位値七層であった。時層色環の代表例を写真3に示す。全体の印象として比較的新しい層の色は淡いものが多く、古い層の色は暗く、濃い目のものが使われている。異なる色で塗り替えられていた建物は七十七棟（九十四％）

写真１　洋風タイプの下見板張り建物
旧小林寫真館・1907年（明治40）建設

写真２　和洋折衷タイプの下見板張り建物
小森商店・1901年（明治34）建設

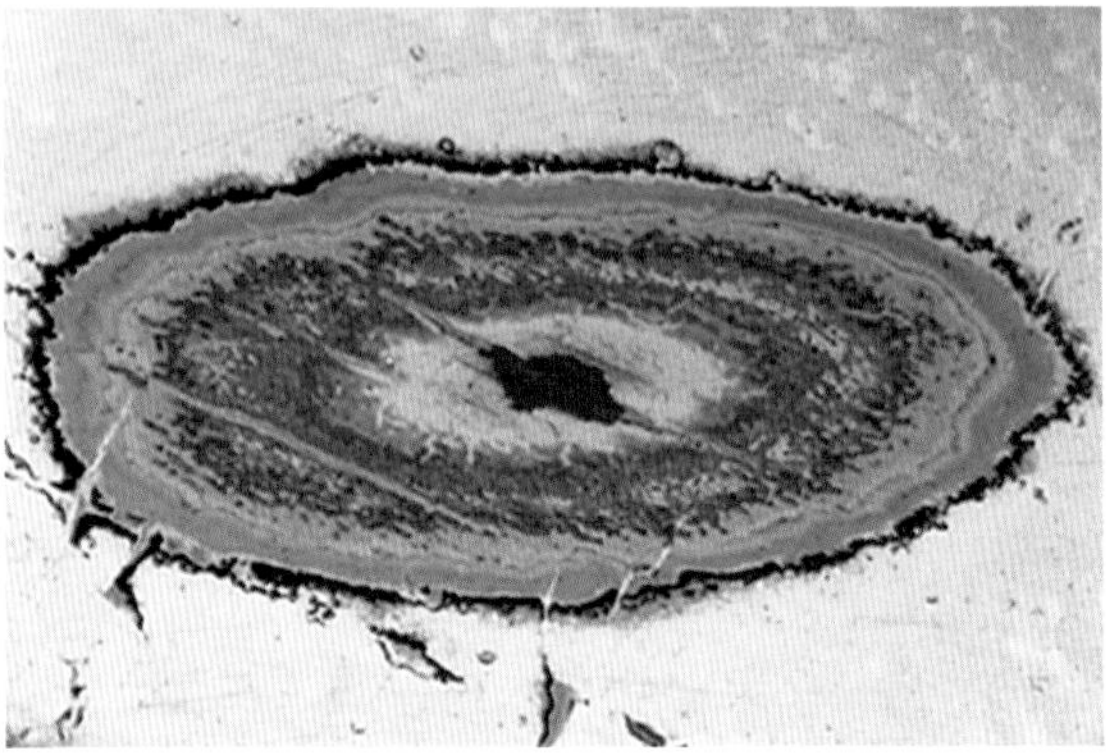

写真３　時層色環
山崎商店・1907年（明治40）建設、軒蛇腹14層の時層色環

①下見板張り洋風建物のペンキ層の
発掘・採集部位

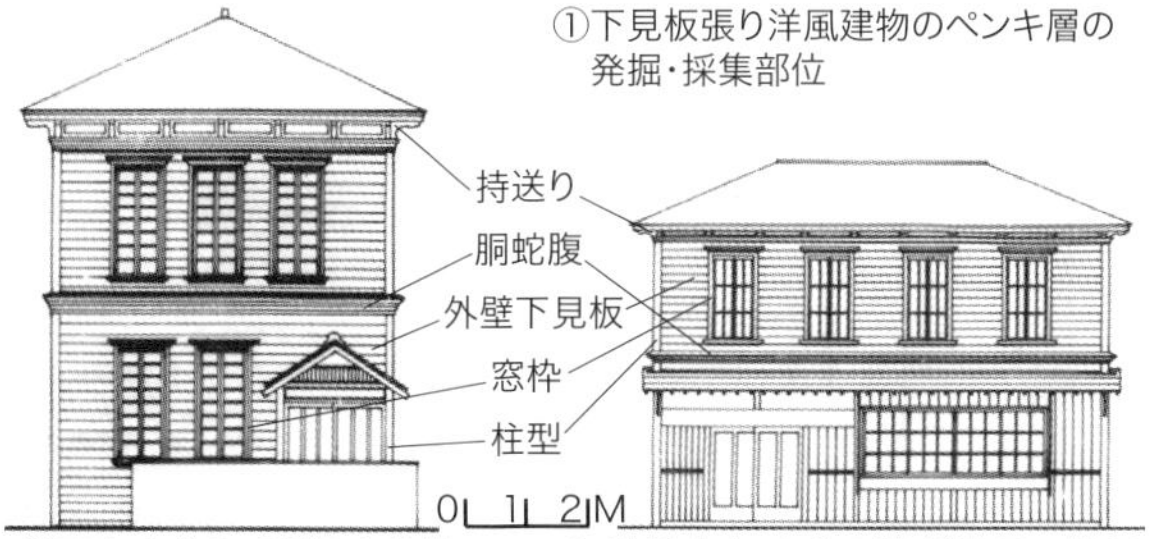

洋風タイプ：1、2階とも外壁を下見板張り、縦長窓とし、胴蛇腹、持送りで支えられた庇等の洋風意匠をもつ

和洋折衷タイプ：1階が横長の格子窓等の和風意匠、2階が外壁下見板張り、縦長窓、胴蛇腹、持送りで支えられた庇等の洋風意匠をもつ

→

②「こすり出し」による
ペンキ層の発掘作業

↓

③時層色環の発見・採集

外壁下見板の時層
色環（14層）の事例

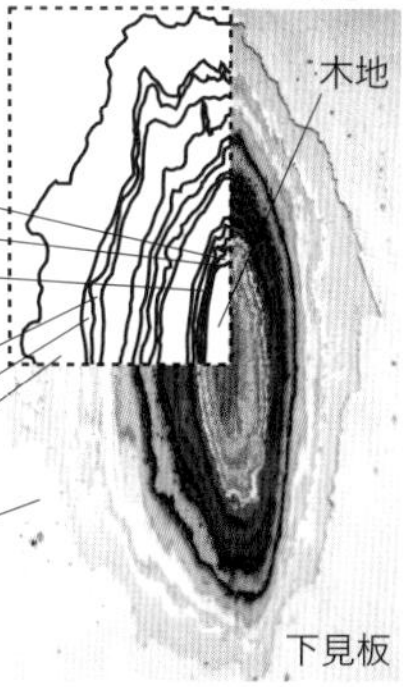

←

④時層色環の記録

- カラースケールと共に
写真撮影

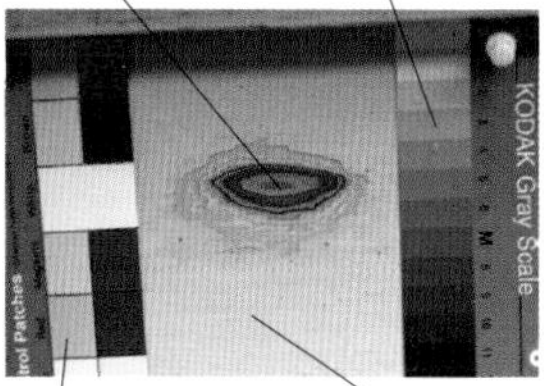

- 色見本帳と照合し、
色票番号を記録

柱型、窓枠ペンキ層の色	外壁ペンキ層の色	層目
M1-1002	M1-1002	1
M3-378	M3-378	2
M2-1006	M2-1006	3
:	:	:
:	:	:
M1-1002	M7-368	11
M1-1036	M1-1036	12
M30-255	M4-251	13
	M7-246	14

色票番号　塗り始め　最新

↓

⑤時層色環の各ペンキ層の色票化と調査票の作成

⑥建物所有者へのヒアリング調査：調査票を
建物所有者に提示し、塗装年等について聴取

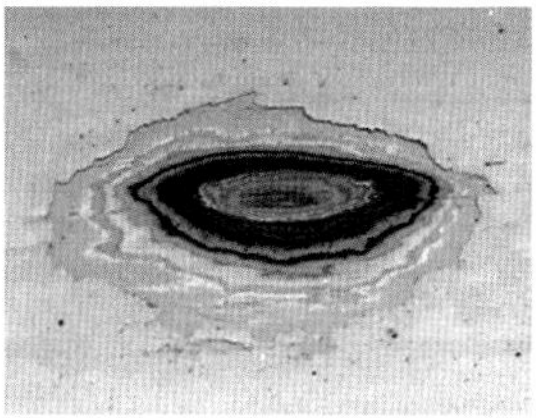

外壁下見板の時層色環（14層）の写真

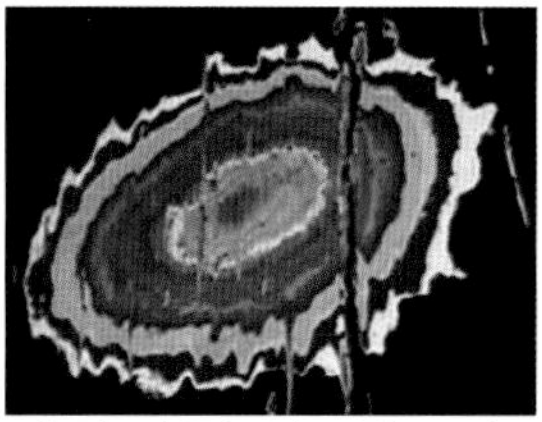

柱型の時層色環（13層）の写真

調査票の事例

層目	外壁ペンキ層の色	柱型、窓枠ペンキ層の色
1	灰色系	灰色系
2	白色系	白色系
3	灰色系	灰色系
:	:	:
11	ピンク色系	茶色系
12	白色系	白色系
13	ピンク色系	茶色系
14	ピンク色系	(未塗装、13層目の色のまま)

塗り始め　最新　色票　色の種類（色名）

図2　こすり出し時層色環の調査フロー

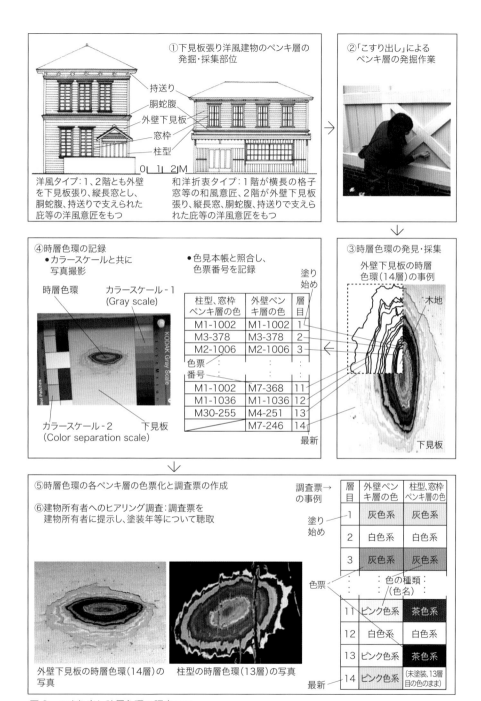

で、すべてのペンキ層が同じ色で塗装されていた建物は五棟（六％）であった。

得られた「時層色環」は一個毎に個性的な美しい模様を描くだけでなく、過去の建物の色彩を読み、分析することのできる指標が隠されているのではないかと思えてきた。しかし、「時層色環」の分析は簡単ではなかった。ペンキ層の各色の塗装年の推定の仕方、どの色を下塗りの層と捉えるか、その分析方法は細かく条件を整理し、合理的解釈を積み重ねていく作業が必要で、試行錯誤を繰り返すことになった。「時層色環」そのものが、新しい発見であり、「時層色環」を活用した解析方法にも、新しい方法論を確立する必要があったのだ。しかしその詳細な分析を積み重ねて見えてきた世界は、予想を超えたものであった。

「時層色環」分析の考え方

時層色環の分析とは、色環を構成するペンキ層の各色がいつ塗られたか、つまり塗装年を推定する合理的な方法を見つけだすことである。ペンキ各層の塗装年について、建物所有者がいつ頃、どういう色に塗ったかすべてを記憶にとどめている、あるいは文献史料に記述されている、といったことでもあれば話は簡単であるが、そういうケースはほとんどない。この課題に対して、合理的に判断できる条件・仮定を整理しながら、推定を積み上げていく方法を探ることになった。文化財的な調査を目的とする場合には正確な塗装年が必要とされだろうが、我々の狙いはある幅をもった時代の色をとらえようとするものであり、このような方法で蓋然性は担保できると考えた。

表1　ペンキの価格の時代ごとの比較―明治中期、昭和初期、現在

年代＼色の種類	白色	錆色	黄色	緑色	黒色
1896年（明治29）	0.268（1.5）	0.178（1.0）	0.193（1.1）	0.260（1.5）	0.182（1.0）
1930年（昭和5）	0.324（1.2）	0.276（1.0）	0.360（1.3）	0.388（1.4）	0.388（1.4）
2003年（平成15）	485　（0.9）	522　（1.0）	625　（1.2）	794　（1.5）	594　（1.1）

数値は円/kg、カッコ内は戦前最も安価な錆色を1とした場合の比を示す。
1930年（昭和5）のデータは大阪塗料染具新報社「大阪塗料工業新報」に掲載されている同年4月の定價表から作成。データ入手可能な各年の最初と最後の月を選び、かつ各塗装業者の中から最も代表的な日本ペイントのデータを選んでいる。また、白については品質と値段の異なる3種類があるが、最も安価なものを一つ選んだ。2003年のデータは、日本ペイント販売北海道へのヒアリングによる。

下塗りペンキ層とは

ペンキ各層の塗装年の推定の前に前提としてペンキの層には上塗りと下塗りが含まれており、この問題をどう考えるかの整理が必要であった。

下塗りに用いられる色は現在では一般的に白色であるが、この白色が時層色環の中からかなりの頻度で出現した。白色には上塗りも混ざっているはずで、どこまでを下塗りと判断していいのか悩んでいた時、ある塗装業者へのヒアリングが問題を解くヒントとなった。塗装業者は「昔は白ペンキの方が高かったので、下塗りに白を塗ることはまず考えられない」と言ったのだ。実際に塗装会社の過去の価格表を調べてみると、明治中期では白色、錆色、黄色、緑色、黒色の五色の中で白色のペンキが最も高価である。(1)

戦後になり、ペンキは油性塗料から合成樹脂塗料への技術革新が進む。一九六五年頃から七〇年頃、下塗り用の白色ペンキの開発と、下層の色を隠し仕上げ効果を高めるために下塗りとして通常の白色ペンキを用いる工法が開発される。(2) 図3は遺愛女学校本館（一九〇八年〈明治四十一〉建設）の外壁および窓枠の時層色環とペンキ色彩の変遷を示したものである。(3) この時層色環は一九六五年頃から七〇年頃の下塗りの白色がよくわかる事例で、一九八八年塗装の最新層をふくめて四回、白色とピンク系の色が繰り返されており、ピンク系の色が上塗りで白色が下塗りであると判断できる。他の建物の時層色環の事例でも、最新層を含む最近の数層で、白色と他の色の組合せが二〜三回繰り返しあらわれ、白色が下塗りと推定できるものがいくつか見られた。

これらのデータから、大きくははずれることはないだろう線を考え、白色は戦前期では上塗りとして用いられたと推定し、戦後の白色は下塗りと推定することにした。

外壁の時層色環のペンキ層の色票		外壁および窓枠ペンキ層の各色の塗装年の特定・推定		窓枠の時層色環のペンキ層の色票	
層目	色　票			層目	色　票
1		1908年:	創建当初より塗装されていたと推定。白黒の竣工写真を見ると外壁は濃く、窓枠等は薄い。	1	オフホワイト
2		1913年頃:		2	
3		1918年頃:		3	
4		1923年頃:	塗装間隔を5年として、各ペンキ層の塗装年を推定。	4	白色
5	白色	1928年頃:		5	オフホワイト
6		1933年頃:		6	白色
7		1938年頃:	戦時中のペンキ事情を考慮し、統制経済発令前の1938年頃と推定。（戦中、戦後の1939年から1950年頃までは、ペンキが塗られていなかったと推定）	7	灰色
8		1953年頃:		8	白色
9		1958年頃:		9	白色
10		1963年頃:		10	白色
11		1968年頃:		11	白色
12	白色（下塗り）		塗装間隔を5年として、各ペンキ層の塗装年を推定。1965年頃から70年頃、下塗り用の白色ペンキの開発と、下層の色を隠蔽し仕上げ効果を高めるために下塗りとして通常の白色ペンキを用いる工法が開発された。したがってこれ以降の白色は、下塗りと推定。	12	オフホワイト（下塗り）
13		1973年頃:		13	オフホワイト
14	白色（下塗り）			14	オフホワイト（下塗り）
15		1978年頃:		15	白色
16	オフホワイト（下塗り）			16	オフホワイト（下塗り）
17		1983年頃:		17	白色
18	白色（下塗り）			18	白色（下塗り）
19		1988年:	建物所有者の証言より特定。	19	白色

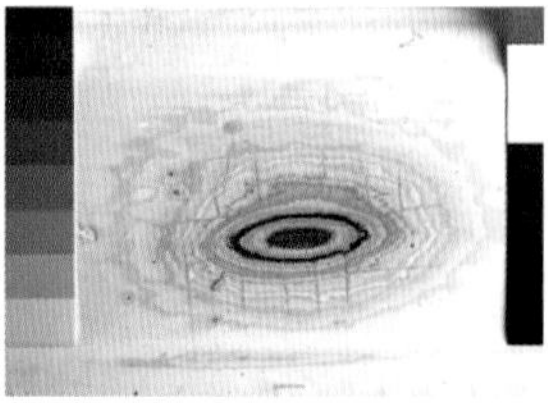
窓枠の時層色環（19層）

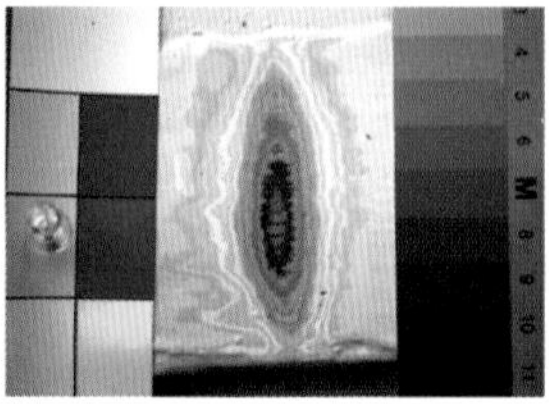
外壁の時層色環（19層）

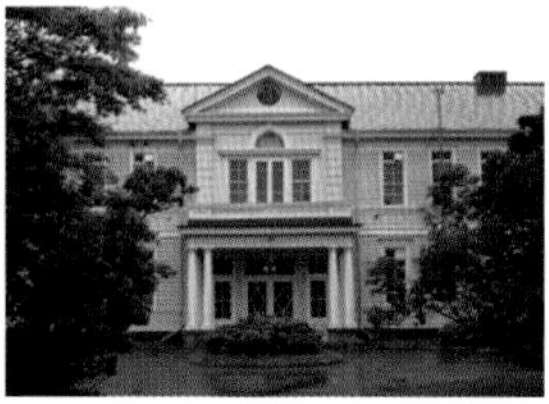
建物外観

図３　遺愛女学校本館・建物外観および外壁と窓枠の時層色環と色彩変遷
1908年（明治41）建設

2 ― ペンキ層塗装年の推定方法

前提整理と函館での住宅のペンキ塗り事情

ペンキ層の塗装年を分析する上で、前提の整理と函館での住宅のペンキ塗り事情を述べておきたい。まずペンキ層町並みに最も影響の大きいのは外壁の色彩であることから、外壁のペンキ層を分析のベースとした。ただし、下見板の張り替えにより、窓枠等の他の部位のペンキ層数が外壁よりも多い場合には、それを補完的に用いた。

第二次世界大戦が勃発した一九三九年（昭和十四）、塗料業界では輸入原料の鉛、亜鉛、樹脂、溶剤などの入手が困難になった。また、同年には価格等統制令が公布され、これが解除されるのは戦後の一九五〇年のことであったという。したがって、一九三九年（昭和十四）から一九五〇年の十二年間は、ほとんどの建物でペンキが塗られず、塗装の空白期間であったと推定した。また一般の住宅は戦前にはペンキ塗装がなく、塗り始められるのは戦後になり、一九六〇年頃からというヒアリングの内容も塗り始め年推定の材料にした。

ペンキ層塗装年の推定の考え方

時層色環から直接読み取れることは、①建物ごとの、②ペンキ層の数と色、③その塗り

表2　特定できた塗装間隔年の状況

塗装間隔年（年）	3～4	5～6	7～8	9～10	11～12	13～14	15	合計
該当回数（回）	1	20	11	5	1	2	2	42

該当回数は隣り合うペンキ層の塗装年の特定などにより、塗装間隔年を把握できた19 棟において、該当するものすべてをカウントしている。例えば 5 層の各塗装年が特定できた建物では、4 回分の塗装間隔年をカウントすることになる。

始めから調査時点までの塗装順序である。各ペンキ層の塗装年をあきらかにするため、いくつかの仮定にもとづき、手順にのっとって塗装年の推定をおこなう方法を編み出した。その基本的な考え方は、最も新しいペンキ層の塗装年（以下「最新塗装年」）と最も古い第一層のペンキ層の塗装年（以下「塗り始め年」）をおさえ、その間の層については、ペンキの塗り替えは一定の周期性をもつものであるから、塗装間隔を均等割りして塗装年を求めることにした。

具体的な手順は①前提の整理、②最新塗装年の特定・推定、③何年おきに塗り替えているのか塗装間隔年の特定、④塗り始め年の特定・推定、⑤各ペンキ層の年代推定、である。

最新塗装年の特定

①ペンキ塗装年が記録されている資料の建物台帳から二棟、②建物所有者のヒアリングから五十五棟の計五十七棟で特定できた。その年代は、一九八〇年代が三十九棟、一九七〇年代が十五棟とほとんどを占め、中央値は一九八三年であった。それ以外の二十五棟の建物については、③一九七七年の町並み調査[4]による記録写真と、一九八八、八九年調査とで変化の認められなかった五棟については一九七〇年代前半に塗装されたと推定し、④残る十九棟については、平均的なものと仮定し、最新塗装年を特定できた建物五十七棟の中央値である一九八三年を採用することとした。なお、時層色環では二層確認できたものの、目視ではペンキが剥落してほとんど塗られていないような状態にあった建物一棟は分析不能と判断した。

塗装間隔年の特定

最新塗装年を特定できた五十七棟のうち、建物所有者のヒアリングから、塗装間隔年

表３　塗り始め年の特定・推定

特定の方法	① 建物所有者のヒアリングから特定	15
	② 大正期の写真集にもとづき創建時からと特定	5
	③ ペンキ層が１層で最新塗装年と同じ	1
推定の方法 図４の関係式にもとづく	④ ペンキ層数７層以上のものは創建時からと推定	37
	④' ペンキ層数６層で塗装間隔５年未満は創建時からと推定	3
	⑤ ペンキ層数６層以下のものは1960年からと推定	16
	⑥ 弥生町でペンキ層数５層以下のものは1965年からと推定	3
分析不能		2
合　計		82

数値は該当する建物棟数を示す。

そのものを特定できたもの、および隣り合うペンキ層の塗装年を特定できたことによって塗装間隔年を把握できたものが計十九棟あった。塗装間隔年は最短で三年、最長で十五年とばらつきがみられるものの、ほとんどが五〜十年（八十六％）であった（表２）。

塗り始め年の特定・推定

塗り始め年については、①建物所有者のヒアリングから十五棟、②明治、大正期に創建の建物のうち、大正期の写真集[5]に掲載され、塗装の有無が確認できた五棟については創建時からとし、計二十棟で特定できた（表３）。これら以外は③下塗り層を除くペンキ層数の多いものは創建時から、少ないものは前提の整理で述べたように戦後の一九六〇年または一九六五年からと推定した。外壁よりも窓枠・柱型等の方がペンキ層数の多い建物は下見板の張り替えによるもので、かつては外壁も窓枠等と同様の層数で塗装されていたとみなし、そのペンキ層数を用いた（最多十八層、最少一層、平均七・三層）。

函館での建物所有者のヒアリングからは、一般の住宅は戦前にはペンキ塗装がなく、塗り始めたのは戦後の一九六〇年頃から、特に弥生町の住宅では一九六五年頃からとするものが多かった。これは、一般住宅の所有者にとって戦前はペンキが高価なものであったことと、特に弥生町では比較的低所得層の長屋や借家が多

$$\text{推定塗装間隔年} = \frac{(\text{最新塗装年} - \text{塗り始め年})}{(\text{ペンキ層数} - 1)}$$

推定塗装間隔年の値が５〜10年であると、

$$5\text{年} \leqq \frac{(\text{最新塗装年} - \text{塗り始め年})}{(\text{ペンキ層数} - 1)} \leqq 10\text{年}$$

、という関係式が成り立つ。

図４　塗装間隔年を推定する式の考え方

かったことによるものと考えられる。ペンキ層数の少ない一般住宅では、これにもとづいて塗り始め年を推定した。

ペンキ層数で判断する具体的な手順として、前述の塗装間隔を用いることとした。塗装間隔は、最新塗装年から塗り始め年を差し引き、その間のペンキ層で均等割りすることによって推定できる。その推定式は図4のようになる。最新塗装年を調査時の一九八九年、戦後の塗り始め年を一九六〇年とすると、この関係式が成り立つのはペンキ層数が六層以下で、七層以上になると成立しない。したがって、④ペンキ層数七層以上のものは塗り始め年を創建時から（三十七棟）、⑤ペンキ層数六層以下のものは塗り始め年を一九六〇年から（十六棟）、⑥特に弥生町の建物でペンキ層数五層以下のものは塗り始め年を一九六五年から（三棟）と推定した。なお、ペンキ層数が六層で塗り始め年を一九六〇年からとしたもののうち、塗装間隔が五年未満で関係式が成立しなかった三棟は、塗り始め年を創建時からと推定した。以上の結果、塗り始め年は、明治期が二十一棟、大正期が二十一棟、昭和戦前期が六棟、戦後一九五〇年代が六棟、六〇年代が二十六棟、分析不能が二棟であった。

このようにして塗り始め年を特定・推定したすべての建物（分析不能の二棟とペンキ層一層の一棟を除く七十九棟）について、図4の関係式にもとづき、戦前から塗り始めたものについては戦中の十二年間の塗装空白期間を差し引き、推定塗装間隔年を確かめると、五〜十年のものが五十六棟（七十一％）であった。他の二十三棟のうち、五年未満と塗装間隔の短い九棟は大企業の事務所や医院などで、ペンキ層数が十層以上と多く、こまめに維持管理をしていたと思われる。逆に十年以上と塗装間隔の長い十四棟は一般の住宅などで、ペンキ層数が二〜四層と少なく、現在でも手入れの行き届いていないものだ。七十九棟すべての推定塗装間隔年の平均は七・二三年と、五〜十年のほぼ中央であった。

　塗り始めの第一層と最新層との間にある各ペンキ層の年代については、塗り始め年に推定塗装間隔年を加算することで求めた。また戦前から塗り始めているものについては、戦中の十二年間の空白期間があるので、戦後のペンキ層については最新塗装年から推定塗装間隔年を減算して求めた。なお、最新塗装年、塗り始め年以外の他層で塗装年代を特定できたものについては、同様の手順で塗装間隔年を算出、推定して求めた。

色彩変容データ票と代表的建物の色彩変遷

　上記の手順により建物ごとの色彩変容データ票を作成した。その代表的建物として大町郵便局（一九一一年〈明治四十四〉建設、写真４）の色彩変遷の分析を紹介する。

　大町郵便局はペンキ層の最新塗装年はもとより他層のいくつかも記録文書により特定でき、したがっていくつかのペンキ層間の塗装間隔年が特定でき、塗り始め年が創建時からと推定でき、さらに外壁は淡いピンク系の、もう一つの特徴的な色をもつことがわかった。

　一九八八年当時の局長・西谷武司へのヒアリングより「昭和五十三年以降、同系色で二回塗り替えた」こと、郵便局主任へのヒアリングより「昭和二十八年当時は緑色」であったこと、第三代局長・故黒河徳三郎夫人の黒河ふくへのヒアリングより「赴任時の昭和二十年は灰色、赴任して二年後の昭和二十二年には黄色」であったこと、また大町郵便局の保全台帳の記録によると、「昭和五十六年十一月八日と昭和六十二年十一月二十七日に塗り

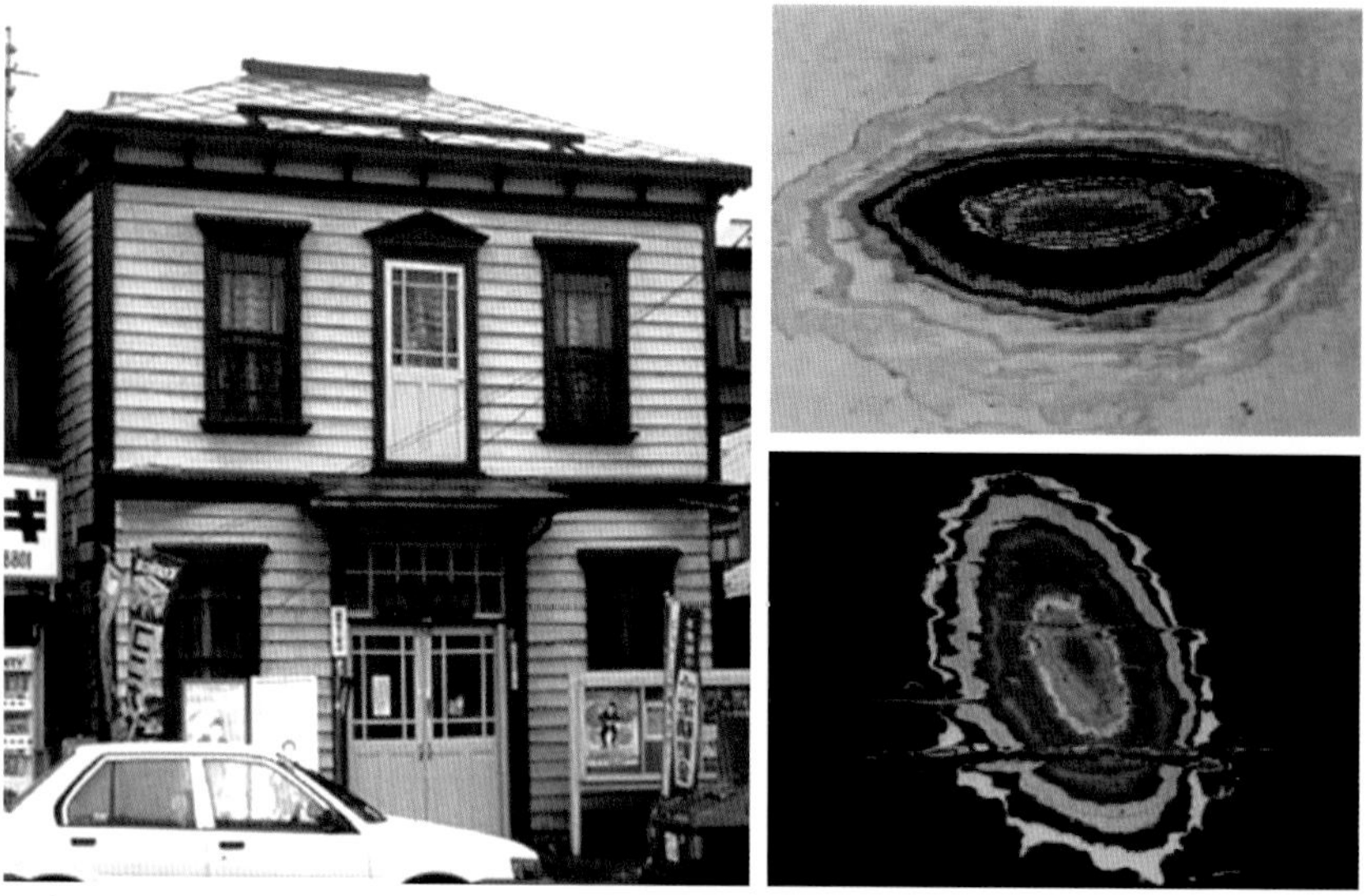

写真４　大町郵便局
1911 年（明治 44）建設　建物外観と時層色環（上：下見板、下：柱型）

替え」とあること、昭和二十八年に「土台替、基礎布コンクリート、事務室床板及天井取替」とあり、外壁下見板などの改修をおこなっていること、などがわかっている。これらのデータに基づき、時層色環調査の結果あらわれた外壁十四層、柱型十三層の各ペンキ層の年代特定・推定をおこなったものが、図５の色彩変容データ票である。

一九八八年の時層色環調査時点では外壁をピンク系、窓枠・柱型等を茶系の二色で、コントラストのはっきりとした塗り分けがされていた。しかし、それ以前の色は、これとは異なるものがほとんどであったことがわかる。創建当初の一九一一年（明治四十四）塗装と推定される一層目から、一九七〇年頃の塗装と推定される十層目までは、外壁も柱型も全く同じ色であり、建物全体が一つの色で塗られていたことがわかる。一九七五年頃の塗装と推定される十一層目に初めて外壁をピンク系、柱型を茶系の二色の塗り分けが施され、その後一九八一年と一九八七年の二度にわたり、同じ配色で塗り替えられたこともわかる。一層ずつ具体的に見てみると、一層目の塗り始めは創建当初の一九一一年（明治四十四）のもので、薄い灰系の色であり、次の二層目は一九一八年（大正七）頃で白色と、明治、大正期の当初は無彩色の薄く明るめの色であった。三層目から

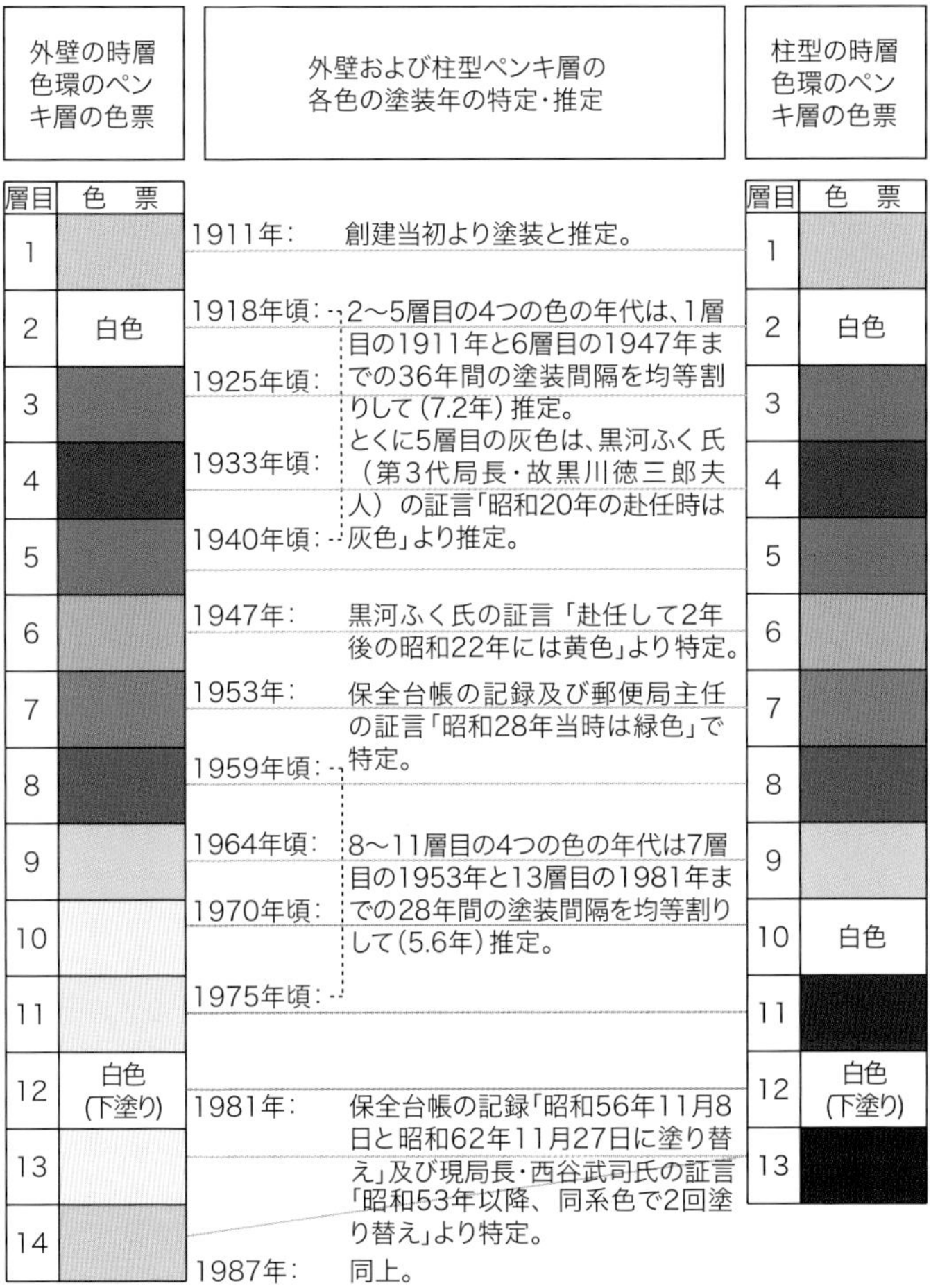

外壁の時層色環のペンキ層の色票
外壁および柱型ペンキ層の各色の塗装年の特定・推定
柱型の時層色環のペンキ層の色票
層目 色票
1
2 白色
3
4
5
6
7
8
9
10
11
12 白色(下塗り)
13
14
1911年: 創建当初より塗装と推定。
1918年頃:
1925年頃:
1933年頃:
1940年頃:
2〜5層目の4つの色の年代は、1層目の1911年と6層目の1947年までの36年間の塗装間隔を均等割りして(7.2年)推定。
とくに5層目の灰色は、黒河ふく氏(第3代局長・故黒川徳三郎夫人)の証言「昭和20年の赴任時は灰色」より推定。
1947年: 黒河ふく氏の証言「赴任して2年後の昭和22年には黄色」より特定。
1953年: 保全台帳の記録及び郵便局主任の証言「昭和28年当時は緑色」で特定。
1959年頃:
1964年頃:
1970年頃:
1975年頃:
8〜11層目の4つの色の年代は7層目の1953年と13層目の1981年までの28年間の塗装間隔を均等割りして(5.6年)推定。
1981年: 保全台帳の記録「昭和56年11月8日と昭和62年11月27日に塗り替え」及び現局長・西谷武司氏の証言「昭和53年以降、同系色で2回塗り替え」より特定。
1987年: 同上。
層目 色票
1
2 白色
3
4
5
6
7
8
9
10 白色
11
12 白色(下塗り)
13

図5　時層色環分析による建物ごとの色彩変容データ票・大町郵便局
1911年（明治44）建設

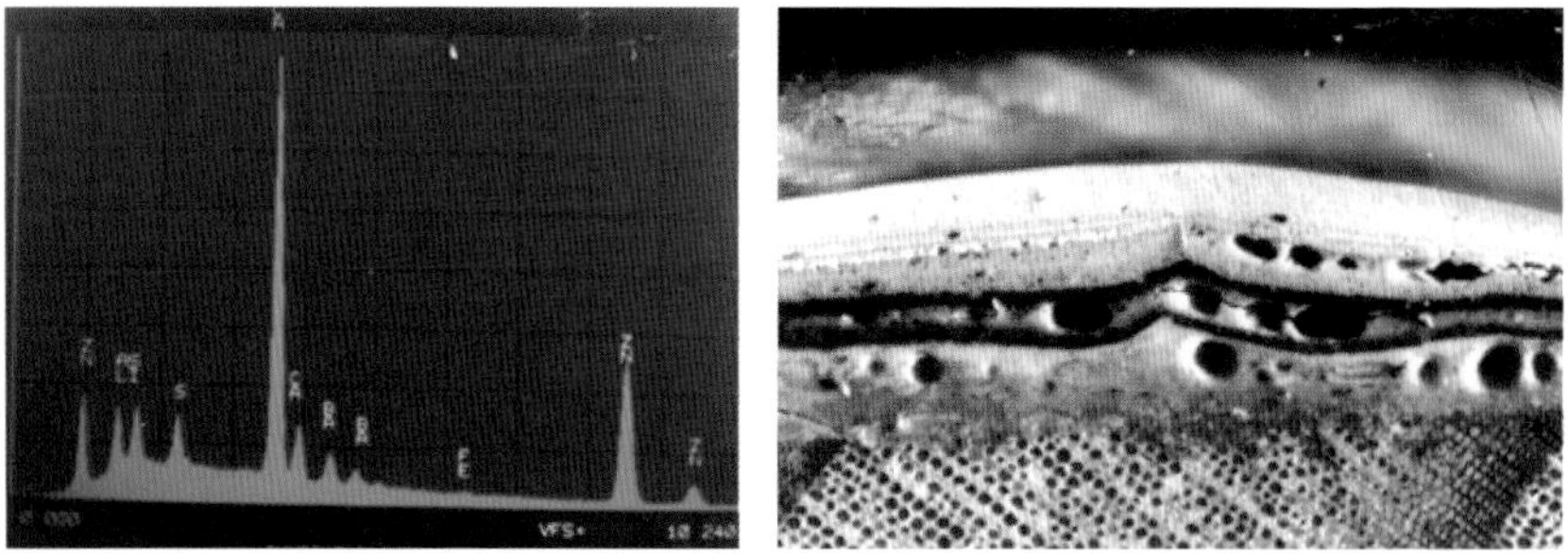

写真5　日本ペイント㈱中央研究所による大町郵便局のペンキ層の分析写真

五層目まではそれぞれ一九二五年（大正十四）頃、一九三三年（昭和八）頃、一九四〇年（昭和一五）頃のものと推定し、当初の色から一変し、大正後期から昭和の戦前期までは濃い目の、暗い灰系、茶系、灰系と続く。これらは後述する十九世紀後半のアメリカのヴィクトリア様式の住宅に使われた「ダーク&リッチ」と呼ばれる色と共通する傾向がみられる。

なお大町郵便局については、日本ペイント㈱中央研究所分析グループ（山田孝子氏をチーフ）が、一九八九年六月にサンプリング調査し同年十月に分析結果報告を行ってくれた。その調査結果は、外壁の時層色環断面の顕微鏡写真（写真5の右）を見ると、時層色環の十四層の色票と概ね合致している。また、X線マイクロアナライザーによる元素分析（写真5の左）と赤外分光分析による塗料種の分析によると、「塗膜層の成分は大別して二つの種類に分けられる。古い塗膜層は、亜鉛華、白亜、バリタなどを使用した油性塗料で、ある年代から白色顔料としてチタン白を使用した合成樹脂塗料（アルキド樹脂塗料）となっている。大町郵便局でみると十層目当りから区別される。（チタン白の汎用度合からみて戦後数年から十年を経た頃が境目となっているように推定される）」、「全体的にみて使用されている塗料は、その時代時代のごく普通の汎用的な種類のものであり、特別種類の違ったものは使用されていない。[6]」ことがあきらかにされており、色彩変容データ票において特定・推定をおこなったペンキ層の塗装年と概ね合致しているといえる。

さらに、代表的な四つのペンキ層、一九四〇年頃の五層目の灰系、一九四七年の六層目の黄土系、一九六四年頃の九層目の薄緑系、一九八七年の外壁十四層目のピンク系と柱型十三層目の茶系、について、コンピューターグラフィックスによる色彩シミュレーションをおこなった（図6）。戦時中の暗い灰色から、戦後は一転して明るく、濃い目の黄土系の色へ、戦後まもなくの一九六〇年代には淡いパステル調の薄緑系の色へ、一九八〇年代後期には淡いピンク系の色と濃茶系の色というメリハリのきいた塗り分けへと、めまぐるしく色彩が変化してきたことがよくわかる。

なお、この大町郵便局の建物は、一九八八年四月一日施行の函館市西部地区歴史的景観条例、同年十二月十九日指定の元町末広町伝統的建造物群保存地区にもとづく伝統的建造物として指定されていたにもかかわらず、約一年後の一九八九年十二月、建物所有者により無許可で撤去され、跡地には高層マンションが建設された。これらの時層色環をはじめとする諸データは、文字通り記念となった。

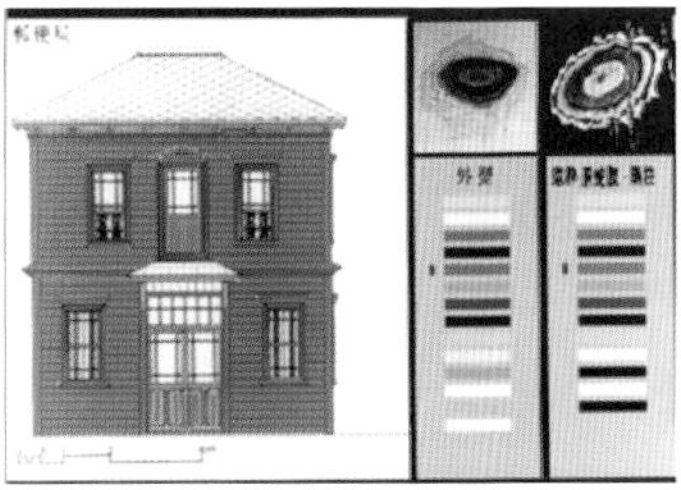

5層目の灰色：1940年（昭和15）頃
●戦時中の色

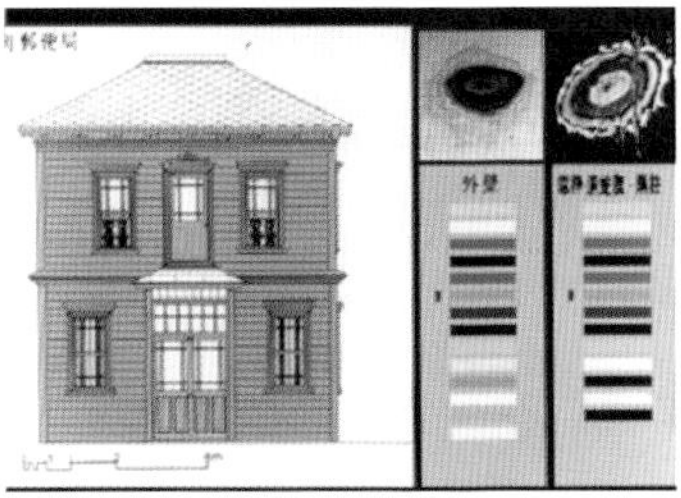

6層目の黄土色：1947年（昭和22）頃
●戦後の色

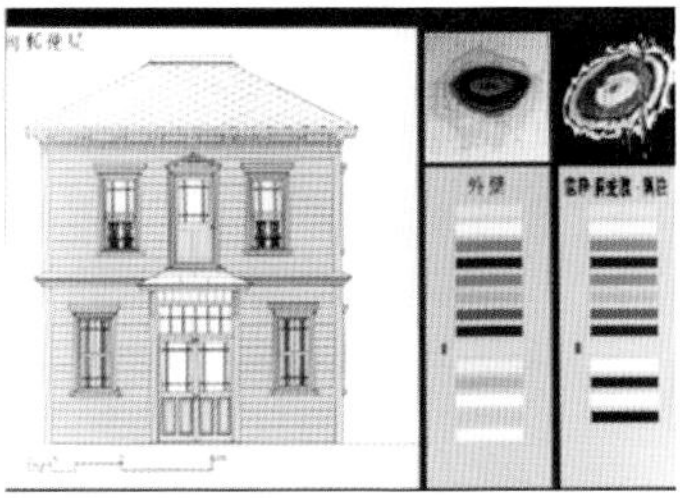

9層目の薄緑色：1964年（昭和39）頃
●戦後まもなくのパステルカラー

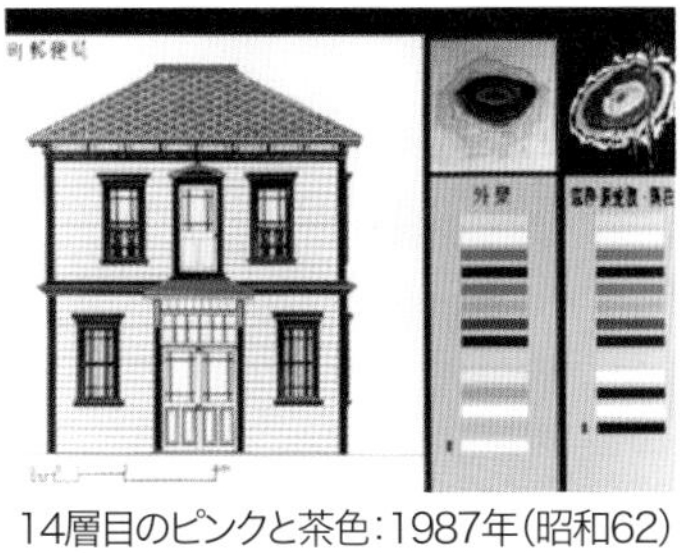

14層目のピンクと茶色：1987年（昭和62）～1989年（平成元）
●鮮明な塗り分け

図6　大町郵便局のシミュレーション画像

3　時層色環から読む町並み色彩の時代変化

町並み色彩の時代ごとの変化の分析方法

色彩変容データ票から、典型建物の色彩変遷の分析のように、八十一棟の建物ごとに、いつ頃、どのような色が塗られていたのか、時代の特徴的な色や、時代による色の変遷が把握できるようになった。しかし、これはあくまでも建物一軒一軒のデータであり、そこから地区全体の町並み色彩の特徴や変遷を分析するためには、時代区分を設定し、その時代ごとに八十一棟全体の色の種類と数を把握することが必要となる。

その手順はまず、①建物の塗装間隔が五〜十年のものが多かったことと、一般的な時代の区切りを考慮して、おおむね十年ごとに、明治末期(一九〇七〜一二年)、大正期(一九一二〜二六年)、昭和初期（一九二六〜三九年）、戦中（一九三九〜五〇年）、一九五〇年代、一九六〇年代、一九七〇年代、一九八〇年代、一九九〇年代〜現在、の九期に分類した。②外壁の色は全部で百五十一種類、四百六十五を数えたが、それを主に色相から白系、灰系、濃緑系、薄緑系、青系、茶系、クリーム系、ピンク系、黄系、肌色系、ベージュ系、黒系、イカの油の十三種類に分類する。なお、緑系を二タイプに細分化したのは、両者とも特徴的な色であると考えるからである、③九期の各時代の期間内で、外壁下見板にペンキが塗られ、色が確認できる建物すべてにおいて、その色のペンキが塗られた回数をカウントする。一棟の建物で、ある時代の期間内に二回以上塗られたものも数多くみられるが、そのすべての回数をカウントする。

このようにして作成された集計表が表4である。この集計表によって九期ごとに最も多く塗装された色や二番目に多く塗装された色などが把握できるようになり、そこから時代による色の変化も読み取ることができるのである。

この表によると、明治末期から昭和初期にかけて白系が最も多い。明治末期では灰系も多く、白系とあわせて無彩色系で七十五%を占める。大正期から有彩色の種類も数も増え、全体の半分以上を占めるようになり、この傾向は昭和初期にかけて顕著になる。戦中はほとんどの建物が塗っていないと推定したが、五回の塗装が確認でき、そのうちの一回はペンキではなくイカの油であった。戦後の一九五〇年代は濃緑系が最も多い。次いで薄緑系とピンク系が多く、それが六〇年代まで続くが、この頃からピンク系が増え、七〇年代以降はピンク系が最も多くなり、次いで薄緑系で、濃緑系は減少する。一九九〇年代から現在にかけてもこの傾向は続くが、ペンキを塗る回数が一九八〇年代の半分以下、ピーク時の三十%以下に大きく減少した。これは建物の改築や新築などにより、下見板が失われ、サイディング貼りへと変わったことによるところが大きい。

なお、ペンキ塗装の状況について、明治末期から戦前までは、建物にペンキが塗装され、その色の確認ができるものは全体の半分以下で、塗装はされているが色の確認ができないもの(7)が二十%前後、ペンキ未塗装で木地のままのものが約三分の一あった。この木地のままの建物は、主に山の手の住宅地の元町と弥生町、港に近い住商混合地域の弁天町でみられた。戦後も一九六〇年代以降になると、木地のままの建物はほとんどなくなった。

表4　時層色環分析による各時代の町並み色彩－81棟の色彩変容データ票の集計結果

時代区分／外壁の色	明治末期（1907-1912）	大正期（1912-1926）	昭和初期（1926-1939）	戦中（1939-1950）	1950年代	1960年代	1970年代	1980年代	1990年代～現在
白系	**7 (44)**	**19 (30)**	**13 (18)**	－	2 (3)	3 (3)	11 (11)	**12 (17)**	**6 (18)**
灰系	**5 (31)**	8 (13)	8 (11)	1 (20)	4 (7)	7 (8)	5 (5)	2 (3)	1 (3)
濃緑系	2 (13)	9 (14)	7 (10)	－	**20 (34)**	**14 (16)**	6 (6)	3 (4)	1 (3)
薄緑系	－	5 (8)	7 (10)	1 (20)	**9 (15)**	**14 (16)**	**17 (17)**	11 (16)	**6 (18)**
青系	1 (6)	**11 (17)**	7 (10)	－	5 (8)	12 (14)	9 (9)	4 (6)	5 (15)
茶系	1 (6)	5 (8)	**12 (16)**	1 (20)	5 (8)	9 (10)	10 (10)	2 (3)	3 (9)
クリーム系	－	5 (8)	3 (4)	－	4 (7)	9 (10)	7 (7)	9 (13)	1 (3)
ピンク系	－	1 (2)	6 (8)	1 (20)	7 (12)	**15 (17)**	**27 (27)**	**24 (34)**	**9 (27)**
黄系	－	－	3 (4)	1 (20)	2 (3)	2 (2)	2 (2)	－	1 (3)
肌色系	－	－	3 (4)	－	－	3 (3)	6 (6)	2 (3)	－
ベージュ系	－	－	3 (4)	－	1 (2)	－	1 (1)	1 (1)	－
黒系	－	－	1 (1)	－	－	－	－	－	－
イカの油	－	－	－	1 (20)	－	－	－	－	－
合　計	16 (100)	63 (100)	73 (100)	5 (100)	59 (100)	88 (100)	101 (100)	70 (100)	33 (100)

数値は各時代の期間内に存在し、外壁下見板にペンキが塗られ、色が確認できる建物において、その色のペンキが塗られた回数を示す。1棟の建物である時代の期間内に2回以上塗られたものも数多くみられるが、そのすべての回数をカウントしている。カッコ内は時代区分ごとの建物にペンキが塗られた回数の合計値を100とした時の割合%を示す。なお、各時代区分において最も多い色に濃い網かけを、2番目に多い色に薄い網かけをおこなっている。

一九九〇年代から現在において、その他が約半分あるが、これは先述の建物の改築や新築などを示している。

明治以降の町並み色彩の時代変遷とその特色

表4の時代の色の共通する傾向から大正期と昭和初期、一九五〇年代と六〇年代、一九七〇年代と八〇年代がひとつにまとめられ、五つの時代区分に再編成できる。これに、文献・史料による明治期前半と中期、八十二棟の追跡調査による一九八九年以降を考察する（表5）。

第1期：明治初期から明治中期頃までの点在する「白色」の時代

この時代は、ペンキを塗らない伝統的な和風の木造建物がほとんどであったと思われるが、その中で、主な公共施設が開拓使によって建設され、それらの多くは洋風の意匠をもち、ペンキが塗られていた。対象地区内の基坂西側に立地していた官立函館病院（一八七一年〈明治四〉建設）、公会堂（一八七九年〈明治十二〉建設）はいずれも白一色のペンキ塗装であっ

表5　函館市西部地区の町並み色彩の時代変遷とその要因・背景

【期】	【時代区分】	【町並みの基調をなすペンキ色彩】	【ペンキ色彩の具体的内容】	【色を決める要因・背景】
1	明治初期から中期（1868～1890、1900年頃）	○ 多数の和風木造建物の中に点在する、基坂周辺の一部の洋風木造建物の白色 ●ペンキによる町並み色彩は未成立	○ 白一色あるいは外壁に白、窓枠・柱等に濃い色の組み合わせ	○ 洋風木造建物の萌芽 ○ 開拓使による公共建築 ●アメリカのコロニアル様式 ○ ペンキの材料限定（白ペンキ、輸入品）
2	明治中期から後期（1890、1900～1907年頃）	○ 多色	○ 色相は赤茶系、黄系、緑系、白系等多様	○ 洋風木造建物の普及 ○ 安価なペンキ ●錆色、黄色、緑色の使用
3	明治末期（1907～1912年頃）	○ 白系または灰系 ●これ以降、洋風木造建物が町並みの基調となる ○ 木の地のままで未塗装が全体の1/3	○ 白一色または灰一色	○ 明治40年（1907）大火後の一挙的な洋風木造建物の建設 ○ 塗料生産の8割以上が白色塗料
4	大正期から昭和初期（1912～1939年頃）	○ 多色 ○ 濃い目の暗い色（ダーク＆リッチ） ○ 木の地のままで未塗装が全体の1/3	○ 建物全体に濃い色を使用 ○ 色相は白系、緑系、クリーム系、灰系、茶系等多様	○ ペンキの供給増大－国産化発展 ○ 都市としての最盛期 ○ 色の自由な選択
5	戦中（1939～1950年頃）	○ 暗色 ○ 多くの民家ではペンキが塗られずに放置	○ ペンキの代替としてイカの油を使用 ○ 公共建築等におけるグレー系、黒系、茶系の暗い色による迷彩	○ 統制経済によるペンキの材料入手困難 ○ 戦時の色彩規制（防空法）
6	戦後1950年代から1960年代頃	○ 多色 ○ 特徴的な色 ●緑系とピンク系 ○ これ以降、ほとんどが塗装	○ 濃緑系 ○ 淡く、明るく、柔らかなパステル調の薄緑系とピンク系 ○ 他に青系、茶系、クリーム系、黄系、肌色系、ベージュ系等多様	○ 米国進駐軍の影響 ●新しい価値観 ○ ペンキ材料技術の発展にともなう中間色、淡色の使用 ●油性塗料から合成樹脂塗料への変化 ○ 港の船舶の色の影響 ○ 色の自由な選択
7	1970年代頃から1980年代頃	○ 多色の継続 ○ 淡く、明るく、柔らかな色調のパステルカラー ○ 外壁と窓枠・柱型等を異なる色で塗装する塗り分け	○ ピンク系と薄緑系 ○ 建物の装飾性を強調する塗り分け ●ピンクに茶または白、クリームに茶など ○ 地域の特徴的な色 ●山の手の住宅地のピンク色と港湾地区の薄緑色	○ ピンク色：公会堂（1958年にピンクに白へ塗り替え）と遺愛幼稚園（1950年代以降ピンクに白）の色の民家への波及 ○ 薄緑色：港の船舶の色の影響 ○ 装飾的効果を高める ○ 色の自由な選択 ○ 外壁改修による下見板消失のゆるやかな進行
8	1990年代頃から現在	○ 多色の継続 ○ パステルカラー ○ 塗り分けの一般化 ○ 下見板・ペンキ色彩の消失の動向	○ 建物の装飾性を強調する塗り分け●ピンクに白、茶に白、青に黄と、同系色の緑に濃緑 ○ 地域の特徴的な色の明確化 ●山の手のピンク色と港湾地区の薄緑色 ○ 下見板から防火サイディング等への変化	○ 装飾性、華やかさの強調 ○ 色の自由な選択 ○ 景観条例による規制・誘導、景観保全 ○ 市民ボランティアによるペンキ塗り替え・景観改善活動 ○ 建物老朽化、地区衰退の進行にともなう木造下見板張り建物の取り壊し（建替、高層マンション建設または駐車場・空地）と改築（防火サイディングへの張り替え）

写真６　旧函館県立博物館における白一色のペンキ塗装
旧函館県立博物館第二館、1884 年（明治 17）建設

たことが仕様書から確認されている。これは、ひとつには開拓使の洋風建築がアメリカの木造下見板張り建築のコロニアル様式の系譜をひき、シンプルな形態に白色のペンキ塗装という素朴な意匠が一般的であったことによる[8]。写真6は一八八四年（明治十七）創建の旧函館県立博物館であるが、このような白一色のペンキ塗装であったと想像される。もうひとつはペンキの材料が輸入品でしかも白ペンキであったことによるところが大きい[9]。

第2期：明治中期頃から後期頃までの「多色」の時代

函館の洋風木造建物の多くは、一階を在来の和風様式とし、二階正面を洋風様式とするものである。この形式の洋風木造建物が西部地区にはじめてあらわれるのは一八七三年（明治六）頃であるが、一八七八、七九年（明治十一、十二）の大火後、一八九〇年代頃に「安定したスタイルとして定着を始めた[10]」。写真7は、明治中期頃に函館の写真家・田本研三が写真館の屋上から撮影したとされる西部地区の「横浜写真[11]」である。横浜写真はカラー写真ではなく白黒写真に彩色されたものなので、建物の実際の色を忠実に表現したものであるかは不明であるが、少なくとも地区全体の町並みの色を反映しているのではないかと考えられる。この写真では、建物の色は赤茶色、茶色、

写真７　明治中期頃の西部地区の町並み
横浜写真（所蔵：石黒コレクション）

暗緑色などの濃いめの色、クリーム色、薄緑色、薄灰色などの淡めの色に加えて漆喰の白色など、多様である。明治初期の開拓使の建物にみられた白色ペンキがなく、多様な有彩色である理由として考えられる一つはペンキの価格で、白色にくらべて値段の安い錆色、黄色などのペンキを使用していたと推察される。

第３期：明治末期の「白系または灰系」の時代

一九〇七年（明治四十）、西部地区は大火にみまわれ、ほとんどの建物を焼失するが、「大火後は、特にこの下階和風、上階洋風形式の町屋が増加し、遺構も多い。大火復興にあたって、各部の仕様をやや簡略化ないしは標準化しながら、大量に建設」[12]されたようで、これ以降町並みを構成する主要な建築形式となった。この頃のペンキ色彩は白系と灰系が多い。当時塗料生産の八割以上が白色塗料であったというペンキ

写真８　函館港の漁船の緑系のデッキペイント

供給事情によるものと思われる[13]。
第４期：大正期から昭和初期の「多色（ダーク&リッチ）」の時代
　大正期では白系、灰系の無彩色系が前の明治末期より減り、有彩色の緑系、青系、茶系、クリーム系、ピンク系など、多様な色があらわれてきた。この傾向は昭和初期になるとさらに助長され、有彩色系の種類も増え、より一層の多色化が進んだといえる。特徴的なのは、緑系、青系、茶系の濃い目の、暗い色であり、これらは、十九世紀後半のアメリカのヴィクトリア様式の住宅に使われた「ダーク&リッチ」と呼ばれる色と共通する傾向がみられる。その背景として、塗料産業が国産化の発展をとげペンキの供給が増大し[14][15]、また函館が港湾都市として最盛期を迎えていた時代の中で、建物所有者の好みによる色の自由な選択がおこなわれていたことが考えられる。第三期の無彩色のどちらかといえば単色の町並みにくらべると、多色の華やかな町並みが形成されていたといえる。
第５期：戦時中の「暗色」の時代
　一九三九年の戦時統制経済によりペンキ入手が困難になり、多くの建物では長い間ペンキが塗られずに放置されていたものと推察される。建物所有者へのヒアリングで「戦時中から戦後二十年代までは屋根、外壁に（ペンキの代用として）イカの油を塗って

写真９　埠頭周辺の船舶附属備品の緑系の色

いた」という事例は、このことを裏付けるものである。一方、重要な建物や公共的な建物では偽装のためにグレー、黒、茶などの暗色で迷彩が施されていた。これは一九三七年に公布された防空法にもとづくものである。[16] こういう状況は一九五〇年の塗料の統制解除の頃まで続いたと思われる。

第６期：戦後一九六〇年代頃までの「多色の中の緑系とピンク系」の時代

全体的には昭和初期の多色が回復したといえるが、その中で特徴的なのは薄緑系、ピンク系の淡く、明るく、柔らかなパステル調の色が主流になったことである。緑系は特に港湾地区の大町、弁天町の建物で多く使われ、濃緑系の色もみられた。戦前にくらべて緑系が非常に多くなった理由として、一つは函館に進駐した米軍の影響があげられる。彼らの好んで使った色、パステルカラー、それも特に薄緑系が流行したと考えられるのである。[17][18] 二つ目は、ペンキの材料がそれまでの油性から合成樹脂へとかわり、淡い中間色の定着性が高まったことがあげられる。[19] 技術の発展がパステルカラーの使用を促したのである。三つ目は、薄緑色が日常生活の中で馴染み深い色であったことがあげられる。漁船の多くはデッキペイントのほとんどが薄緑色である（写真８）。さらには埠頭周辺にころがっている船舶附属の備品にも同じ色が使わ

写真10　遺愛幼稚園
ピンク系と白系の塗り分け

れるなど（写真9）、薄緑色は港、船舶に深く関連する色である。

第7期：一九七〇年代頃から八〇年代頃までの「多色の継続、パステル調のピンク系と薄緑系、塗り分け」の時代

一九七〇～八〇年代になると、前期からの多様な色彩は継続されるものの、濃緑系が減り、これに代わってパステル調のピンク系が最も多く、次いで薄緑系がよく使われる色となった。このピンク系の色は地域的には山の手の住宅地の元町、弥生町で多く使われた。この背景として、元町に位置する地域の代表的な公共建築である旧函館区公会堂と遺愛幼稚園の色の影響があげられる（写真10）。旧函館区公会堂はそれまでの黄土色から、一九五八年頃、外壁下見板をピンク色に、窓枠、柱等を白色に塗り替えている。[20] 同じ元町の建物所有者の「一九七〇年頃、アメリカン・スタイルを意識して下見板部分をピンクと柱等を白く塗った。ピンクについては旧函館区公会堂と遺愛幼稚園の色彩をまねた。ピンクを塗った当時、周囲にはペンキを塗っていない建物がほとんどで自分の建物がピンクになってから次々と真似られていった」というヒアリング結果から、この地域を代表する二つの建物の色が、周辺住民に好まれ

写真11　同系色の塗り分け事例
薄緑系の外壁に濃緑系の窓枠等の塗り分け

て、広まっていったのではないかと考えられる。また、窓枠、柱等を外壁とは異なる色に塗り分けることは、建物の装飾性を強調する効果がある。一九八八、八九年の時層色環調査時点では三十七棟で塗り分けが確認され、そのうち二十八棟は一九八〇年代のペンキ塗り替え時に塗り分けがおこなわれたものであった。

第8期：一九九〇年代頃からの「ピンク系と薄緑系のパステルカラー・多色の継続と塗り分け、および下見板張り・ペンキ色彩の衰退」の時代

ピンク系と薄緑系で約半分を占め、かつ他の色もみられ、前期からのパステルカラーと多色は継続されている。塗り分けはペンキの塗られている建物全体の七十六％にのぼり、一般化したといえる。その配色はピンクに白、茶に白、公会堂をモデルとする青に黄といった異なる系列のものに加え、薄緑に濃緑という同系色の塗り分けも見られるようになった（写真11）。ピンクは山の手の住宅地の元町に、緑は港湾地区の大町、末広町に多く見られ、地域による特徴的な色が明確になってきた。一九八八年制定の歴史的景観条例にもとづく保全建物への指定（二十五棟）、一九九〇年からは市民ボランティアによるペンキ塗り替え

（五棟）、建物所有者による自主的なペンキ塗り替え（六棟）など、行政、民間双方で町並み色彩形成の体制も整いつつある。しかし一方では二十八棟の建物が取り壊され、改築のもの十棟とあわせると、全体の約半分にあたる三十八棟の建物が下見板張り洋風建物の形式を失い、ペンキ色彩の町並み特性は失われるつつある傾向がある。

3章　函館西部地区での暮らしの中の町並み色彩

1 ─ 暮らしの記憶の中にある色彩

ライフヒストリーとしての町並み色彩の記憶を探る

函館市西部地区での町並み色彩と住民の暮らしのかかわりの調査は時層色環を住民に提示しながら建物のかつてのペンキ色彩、および周囲の環境のペンキ色彩に対する記憶、思い出を探り、住民の暮らしと色彩にどのような営みがあったのかを探った。次にペンキを塗り替える時に、誰がどのような考え方と方法で色彩を選択したのか、色彩選択の意志決定の主体、方法と決定要因を分析し、色彩形成への住民等の関与の仕方や周辺環境の影響等を明らかにした。これらは社会学におけるライフヒストリー研究の方法を援用しておこなったものである(1)(2)。

西部地区のこすり出し調査の八十二棟を対象に、五十八棟で有効回答を得、またそれ以前のこすり出し調査時で得られた六棟の回答も参考にした。この調査方法は、言葉だけでかつての色の記憶を問う一般的なヒアリング調査とは異なり、時層色環から得られたかつての色を具体的かつ視覚的に提示するという点に特徴があった。時層色環により建物にかつて塗られていた色彩が提示された結果、住民の意識に働きかけ、記憶を呼び起こし、住民は様々な生活の歴史を通してペンキ色彩のことを語り出したのである。ヒアリングの内容は、時層色環から得られた色についての記憶、色の塗り替え時期とその契機、塗り替え回数、色彩選択のポイント、周辺の建物・町並み・船舶の色とそれらとのかかわり、塗装を依頼した業者についてである。

住民の自分の建物についての記憶は、家族の生活史の節目や社会的出来事を手がかりに思い出されるものであろう。函館でのヒアリングでもそうである。それに加えて、その記憶の中に色彩にまつわる具体的なエピソードが語られていることが西部地区の特徴である。色彩のエピソードを含む住民の建物の記憶は、建物にまつわる暮らしの思い出、建物自体の変化、建物にまつわる社会的出来事の三つに分類できる。

家族の生活史と建物ペンキ色彩の記憶

「祖父が小学生の頃に建てられ、入居した。その時はうすい黄色で、当時家主だったコマイ氏が、近隣の久保田家住宅、林家住宅等、所有する建物をまとめて塗っていた」（清田商店、一九一三年〈大正二〉建設、大町）。それまで生活を営んでいた建物から移り住むことによって、その時の状況が建物の家主とともに色彩で印象づけられている。この事例では自分の建物だけでなく、近隣の数軒の建物をも含むペンキ色彩の思い出が、半世紀以上も前のエピソードながら、祖父から孫へ語り継がれている。

二つ目は、家族の生活史に関するもの（六例）で、奥さんの嫁入りの時（四例）や自分が子どもの頃の色の記憶（二例）である。「昭和三十六、七年に奥さんがお嫁にきたのをきっかけに、それまでの傷んでいた塗装を塗り替え、白っぽい色として水色を選び、自分で塗装した」（田中家住宅、一九三二年〈昭和七〉建設、大町）。この建物の「時層色環データ票」によれば、それまでは暗緑色であったが、パステル調の水色に塗り替えられている。濃い目の暗い色から淡く、明るい色への変化は、結婚という家族の重要なライフステージをむかえる喜びや希望が反映されているように思われる。

また自宅に塗ったペンキの色が当時としては珍しく、職場の同僚や近所の人々の評判になったこと（二例）があげられている。「昭和四十年頃、以前に住んでいた所の向かいにあった塗装店に頼みグリーンを塗装した。色の選択などについては主人がおこなったが、田舎臭い雰囲気がして奥さんは嫌だった。しかし主人の勤めていたドックの同僚には評判がよかった。同時期、周囲でグリーンを使っているような建物はなかった」（藤田家住宅、一九四七年建設、大町）。この住民にとって当時、家のまわりに緑色は少なく、自慢の一つであり、またそれを誇りに思い、深く印象づけられた色であったことがうかがえる。

三つ目は、ささやかなエピソードではあるが、塗り替え時の予期せぬ出来事により、やむをえず予定外の色へ変更した思い出（一例）がある。「現在の塗装は六、七年前におこなった。その際はグレーの外壁に紺の塗り分けを予定していたのだが、塗装屋がペンキ缶一つ忘れたためにその色がつくれず、グリーン系の色彩になった」（伴田商店所有建物、一九一六年〈大正五〉頃建設、弁天町）。緑系の色はピンク色と並ぶ地区の特徴的な色の一つであり、予定外の色ではあるが、町並みに調和するものという判断があったのではないかと思われる。

建物の改築・用途の変更とペンキの塗り替えの記憶

建物の老朽化や用途変更にともない外壁の張り替え等の改築がおこなわれ、それと同時にペンキも塗り替えられ、以前と違う色に変えられたペンキが鮮明に思い起こされている。

「十年前に前面外壁を改築（サイディング）。その時現在の塗装をした。色については白が流行していたので、それを用いた。柱型の色については屋根の色彩（茶色）とあわせた」

〈柳栄堂、一九〇七年〈明治四十〉建設、弁天町〉。この事例では、外壁にはその時の町並みの流行色である白色を取り入れ、柱型は洋風建物の意匠的特徴を考慮して外壁とは異なる色としながらも、建物全体の調和を考えて屋根と同じ茶色を用いている。

「昭和三十八年まで経営していた池田菓子店（奥さんがそこの娘）を閉店し、一階を改築した。その時に水色っぽい色を塗装した。その十年後に外壁を張り替え、同時にアルミサッシをつけた。その際、ベージュのペンキを塗装した」（斎藤家住宅、一九一八年〈大正七〉建設、大町）。

大火と建物ペンキ色彩の記憶

西部地区は一八七八年（明治十一）年から一九三四（昭和九）年までに幾度となく大火があった[3]。その大火によってペンキ塗装が傷んだため補修をおこなった建物へのつらい記憶と共に、周辺のペンキ塗装に関する記憶も語られている。「大正十二年の大火によって前面外壁のペンキ塗装が、その熱によって膨れあがったために塗り替えたのを覚えている。その頃、周囲の建物もペンキは塗っていたように思う」（中村呉服店、一九〇七年〈明治四十〉建設、末広町）。また「大火が頻繁にあった頃、焼けてしまう時は焼けるのだからとペンキの塗装はされていなかった」（大正湯、一九二八年〈昭和三〉建設、弥生町）。当時ペンキが高価で一般化していなかったことに加えて、大火が住民にペンキ塗装への消極的な姿勢をもたらし、未塗装の建物があったこと（三例）があげられている。

戦争中の迷彩色とイカの油による建物ペンキ色彩の記憶

第二次世界大戦中に、主要な建物に「迷彩色」と呼ばれるペンキ色彩による偽装、迷彩が施されていたことがあげられている[4]（八例）。「戦時中は重要な建物のみ偽装をし、グレーが多かったが、黒や茶、緑でまだら模様にしているものもあった」（久保田家所有住宅、一九一四年〈大正三〉建設、大町）。「弥生小学校は縦に黒と灰のすじを入れ、迷彩塗装を戦時中におこなっていた」（小野家住宅、一九三〇年〈昭和五〉建設、弁天町）。

グレーなどの具体的な迷彩色から弥生小学校（一九三八年〈昭和十三〉建設、弥生町）の縞模様という迷彩の仕方まで、戦時中の生々しい体験が色彩の記憶を通じて語られている。

また戦中、戦後すぐの時代に、イカの油が塗装されていたことがあげられている。イカ漁は当時も今も函館の主産業であるが、そのイカの油が戦中、戦後のペンキが不足していた時代に代替物として塗装されていた。多くの建物で使用されていた可能性がある。

「戦時中から昭和二十年代までは屋根、外壁にイカの油を塗っていた」（深谷米穀店、一九一七年〈大正六〉建設、末広町）。

周辺環境のペンキ色彩に関する住民の記憶

住民のペンキ色彩に関する記憶、思い出は、周囲の環境についてもあげられており、ペンキ色彩への関心が自分の建物だけにとどまらず、周辺へと広がりをみせている。それは戦後に地区の町並み色彩の特徴となったピンク色と緑色の流行についての言及である。

戦後の西部地区の町並み色彩の特徴として、淡く、明るく、柔らかなパステル調の色彩拡がりがあるが、中でもピンク色と緑色の流行が目立ってくる。これらの色についての記憶も多くあげられている。

戦後のピンク色の流行に関する住民の記憶

ピンク色については、住民の自分の建物のピンク色に関する記憶が十四例あげられており、そのうち一九六〇年代（五例）と一九七〇年代（四例）のピンク色の記憶を多くひろうことができる。

「昭和三十五年頃、アメリカン・スタイルを意識して下見板部分をピンクに柱等を白く塗った」（函館文化服装学院、一九二一年〈大正十〉建設、元町）。「昭和四十五年頃買取り、それまで茶だったのをピンクに塗り替えた」。前者はアメリカ文化へのあこがれと柱等の白色との塗り分け、後者は建物の買取りを契機に以前の茶色ペンキの塗り替えのエピソードとして、二十年から三十年前のピンク色が鮮明に記憶されている。

「ピンクについては旧函館区公会堂と遺愛幼稚園の色彩をまねた」（函館文化服装学院、一九二一年〈大正十〉建設、元町・大三坂沿い）。「二十年くらい前（一九七〇年頃）から近所の大平洋裁学校（函館文化服装学院）や旧函館区公会堂など、見る限りピンクの建物が多かったので、それをまねた」（金子家住宅、一九二一年〈大正十〉建設、元町・大三坂沿い）。「（二十年ほど前）その時周辺にピンクの建物が多くあり、自身もピンクがよい色だと思ったのでそれを塗装することにした」（佐藤理容院、一九二一年〈大正十〉建設、元町・大三坂沿い）。「ピンクを塗った当時、周囲にはペンキを塗っていない建物がほとんどで、函館文化服装学院がピンクになってから金子家住宅等、次々とまねられていった」（函館文化服装学院）（写真1の②、③）。

旧函館区公会堂、遺愛幼稚園といった地区のランドマーク的な建物がある時期ピンク色に塗られ、それが函館文化服装学院[5]などの周囲の建物にまねられていたことがあげられて

①遺愛幼稚園
1913年（大正2）建設、元町。1956年頃からピンク色に塗装されたと推定される。

②函館文化服装学院
1921年（大正10）建設、元町。大三坂沿いで1960年頃からピンク色に塗装されたと推定される。

③金子家住宅
1921年（大正10）建設、元町。大三坂沿いで1960年代から70年代にかけて塗装されたと推定される。

写真1　特徴的なピンク色彩の建物群1

いる（三例）。このピンク色が、地区の代表的な坂の一つである大三坂周辺の多くの建物で用いられるようになった様子もあげられている（四例）。

元町の遺愛幼稚園（一九一三年〈大正二〉建設）は、函館市東部地区にある遺愛女学校（現遺愛学院）の付属幼稚園である。遺愛女学校の本館（一九〇八年〈明治四十一〉建設）は時層色環データ票によれば、外壁の色彩は創建当初が濃緑色で、その後茶色他のさまざまな色彩が使われていたが、戦後の一九五三年（昭和二十八）頃にピンク色のペンキが塗装され、以降現在まで同じ色が塗り続けられている（2章の図3を参照）。また、遺愛幼稚園も一九五六年（昭和三十一）頃に本館と同様のピンク色に塗装され、以降現在まで塗り続けられている（写真1の①）。その時層色環データ票によれば、以前は異なる色であったことが判るが、それに関し「遺愛幼稚園に私が通っていた頃（大正十四年から昭和二年〈一九二五〜一九二七〉頃は、茶色っぽかったように思う」との思い出が語られている。遺愛幼稚園はミッション系の私立幼稚園で歴史も古く、ピンクと白に塗られた建物は伝統的建造物に指定され、西部地区を代表するランドマーク的存在である。しかし昔のこととは言え、子供心にその色（茶色）が鮮烈で、記憶に深く刻み込まれたことを示している。

旧函館区公会堂は一九五八年頃に外壁がそれまでの黄土色からピンク色に塗り替えられ、一九八二年に創建時のブルーグレーに復原されるまで同じピンク色であった[6]（写真2の②）。つまり、ピンク色の出現は、戦後の一九五〇年代初頭に東部地区の遺愛女学校本館にピンク色のペンキが塗装されたことを始まりとすると考えられる。その理由として、戦後の明るいイメージを求める風潮と、ペンキ材料の合成樹脂への変化により淡い中間色を固定できるようになったことがあげられる[7]。このピンク色を女学校のシンボルカラーと

①遺愛女学校本館
1908年（明治41）建設、東部地区。1953年頃からピンク色に塗装されたと推定される。

②旧函館区公会堂
1910年（明治43）建設、元町。1958年頃からピンク色に塗装と推定され、1978年7月撮影のもの。

③大正湯
1928年(昭和3)建設、弥生町

写真２　特徴的なピンク色彩の建物群２

して西部地区・元町の付属幼稚園が採用し、その直後の一九五〇年代末頃に旧函館区公会堂が採用理由は不明であるが、ピンク色に塗られた。

一九六〇年頃に函館文化服装学院の建物がアメリカ文化へのあこがれと、旧函館区公会堂と遺愛幼稚園の色彩をまねてピンク色に塗られ、一九六〇年代から一九七〇年代にかけて、函館文化服装学院が立地する大三坂沿いの数棟に連鎖的にまねられ、広がったと考えられる（写真1の③）。

このように、ピンク色のペンキ色彩の出現と広がり方には、戦後の時代精神とペンキ材料の技術革新により使用が可能となり、女学校のシンボルカラーとして採用され、それがあるエリア内の近隣の多くの建物で好まれ、模倣されるという一連のプロセスを読み取ることができる。こういうペンキ色彩の町並みへの広がり方と地区的な流行を「隣接波及」(8)と呼ぶことにする。

緑色の流行に関する住民の記憶

緑色が建物に塗られる背景にはまず、港町特有の環境にかかわるものがある。船舶のペンキ塗装とそれの建物への影響に関するものが多く見られる（五例）。「戦後は緑の建物はよくあったが、建物用のペンキを使っていたのは金のある所で、一般の民家などでは船舶用の緑のペンキを転用していたところもあった」（大正湯、一九二八年〈昭和三〉建設、弥生町）。これは、船舶用のペンキを建物に使用していた記憶（二例）の一例であるが、これ以外にも船舶のデッキによく使われていた緑色が建物にも影響していたこと（二例）、船舶塗装業者が建物の塗装もおこなっていたこと（一例）など、船舶のペンキ塗装がいろいろなかたちで建物に影響を与えていたという記憶があげられている（写真3、4）。

写真３　船舶に使われている緑色ペンキ

写真４　港周辺の緑色建物

戦後の地区での緑色の流行については、住民の自分の建物の緑色に関する記憶が十三例ある。そのうち一九五〇年代（四例）と一九六〇年代（四例）に、緑色の記憶を多くひろうことができる。「戦後になってから、三、四回塗り替えた。七、八年に一度の割合で塗り替えているが、一回目にうすい緑を塗り、以来その色彩をつづけてきた」（奥谷畳店、一九二七年〈昭和二〉建設、弁天町）。「昭和四十年頃、以前に住んでいた所の向かいにあった塗装店に頼みグリーンを塗装した」（藤田家住宅、一九四七年〈昭和二十二〉建設、大町）。

七、八年の定期的な塗装間隔で緑色を塗り続けてきたことや、塗装を依頼した前住宅の近所の塗装店とのエピソードとして、三十年から四十年前の緑色の記憶が語られている。「三十～四十年前は相馬株式会社の色をまねて、グリーンを塗っていた」（千代盛商会、一九一八年〈大正七〉建設、弁天町）。

緑色についてもピンク色と同様に、伝統的建

①相馬株式会社
1914年（大正3）建設、大町

②市水商会
1909年（明治42）建設、末広町

③ピースフルプレイス
1907年（明治40）建設、大町

④小森商店
1901年（明治34）建設、弁天町

⑤奥谷畳店
1927年（昭和2）建設、弁天町

写真5　特徴的な緑色の色彩の建物群

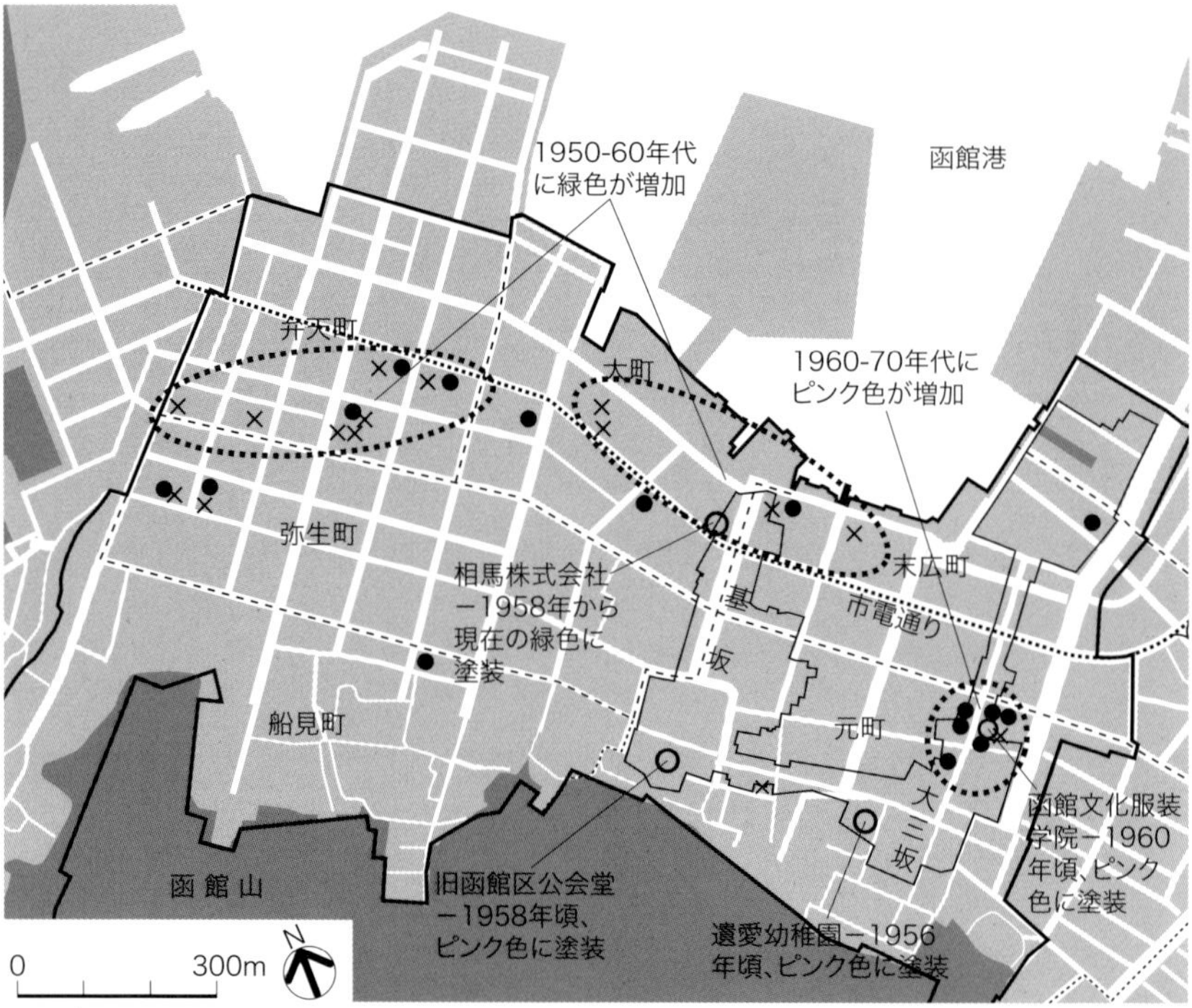

●はピンク色の記憶を語った住民の建物を、×は緑色の記憶を語った住民の建物を示す。なお、太線で囲まれた区域が調査対象の歴史的景観地域、細線で囲まれた区域は元町末広町伝統的建造物群保存地区、破線は町界を示す。

図１　特徴的なピンク色と緑色の色彩の出現と隣接波及

造物指定の相馬株式会社（一九一三年〈大正二〉建設）の地区のランドマーク的な建物が緑色に塗られ、それが周囲の建物にまねられていたことが大きな要因としてあげられている（三例、写真5の①）。相馬株式会社の建物所有者へのヒアリングによれば、昭和三十年代から五年ごとに同じ緑色で塗り替えているという。緑色を選んだ理由は不明であるが、時層色環データ票によれば一九五八年頃から以降ずっと緑色であり、ヒアリングと合致している。相馬株式会社や船舶の塗装の影響をうけて、それらに近い港周辺の弁天町、大町、末広町あたりで、一九五〇年代から一九六〇年代にかけて、緑色もピンク色と同様に隣接波及があったと考えられる。

地域での暮らしとペンキ色彩の記憶

　ペンキ色彩と住民の暮らしのかかわりは、住民の中に鮮明な記憶として残されていた。ペンキ色彩の記憶は、様々な、具体的な生活のエピソードとして思い出され、語られた。

その多くは建物の改築、住み替え・入居、結婚などの生活の節目となる出来事や、大火や戦争といった社会的出来事などと結びついたもので、ペンキ色彩が住民の暮らしの中で重要な意味をもっていたことが伺える。住民の記憶から、洋風建物の特徴や時代の流行色、町並み、港の場所性とのかかわりで色彩を選択し、建物を塗装する事例があげられていた。とくに、地区の特徴的な町並み色彩であるピンク色の記憶からは、戦後の時代精神とペンキ材料の技術革新により、ランドマーク的な建物のシンボルカラーとして用いられ、その色があるエリア内において近隣の建物で好まれ、連鎖的に模倣される、隣接波及というしくみによるペンキ色彩の町並みへの広がり方と地区的な流行がとらえられた（図1）。緑色の記憶からも同様の隣接波及が伺えた。このようなペンキ色彩と住民の暮らしにかかわる鮮明な記憶は、住民による町並み色彩形成の基盤になっている。

2 — 色彩選択の主体と町並み形成

ペンキの色を誰がどのように選択したか

ペンキの色を選択するにあたり、誰がどのように決めているのか、意志決定の主体と方法には、住民、塗装業者、近隣住民の三者の関係から四つのタイプをとらえることができ

表1　色彩選択における決定要因と意思決定の主体・方法

色彩選択の決定要因タイプ ＼ 意志決定の主体・方法	個人恣意型	建物価値型	町並み型	不明	合計
住民単独	1	6	2	6	15
塗装業者主体	0	4	3	4	11
住民と塗装業者との対話	0	5	2	1	8
住民同士の相談	0	0	0	1	1
不明	1	6	6	0	13
合　計	2	21	13	12	48

数値は該当数を示す。なお、住民単独は11例、塗装業者主体は9例、住民と塗装業者との対話は 5 例であるが、それぞれ色彩選択の決定要因は複数のタイプに該当する例があるため、合計数が増えている。

る（表1）。住民が単独で決めている「住民単独」（十一例）が最も多く、住民から依頼されて塗装業者が決めている「塗装業者主体」（九例）、住民と塗装業者が相談しながら決めている「住民と塗装業者の対話」（五例）がつづき、近隣の住民同士が相談しながら決めている「住民同士の相談」は一例である。

住民単独ではその多くが家の主人である（九例）。中には港湾地域の性格を反映して船舶関係の塗装経験者、塗料店経営者や大工の経験者、写真を趣味にしている人といった、塗装や色彩に対して専門的知識をもつ人もいる。「主人が昔大工で、またドックで塗装や運搬の仕事をしていたために、塗装はすべて自前でおこなっていた」（菅原家住宅、一九〇七年〈明治四十〉建設、弥生町）。「色の選択等はすべて塗装業者に任せた」（岩崎家住宅店舗、一九二四年〈大正十三〉頃建設、弥生町）。「現在の塗装は、自転車に乗って巡ってきた塗装業者に依頼した」（長谷川理容院、一九〇九年〈明治四十二〉建設、大町）。

塗装業者主体では、住民がペンキ色彩の専門家として塗装業者を全面的に信頼し、いっさいをまかせている。中には自転車などで地区を巡回してきた塗装業者に依頼する例もみられた（三例）。塗装業者の地区の巡回は営業が主目的だと思われるが、ペンキが剥げ落ちたり傷んだりしている建物を見つけ、その所有者に対し

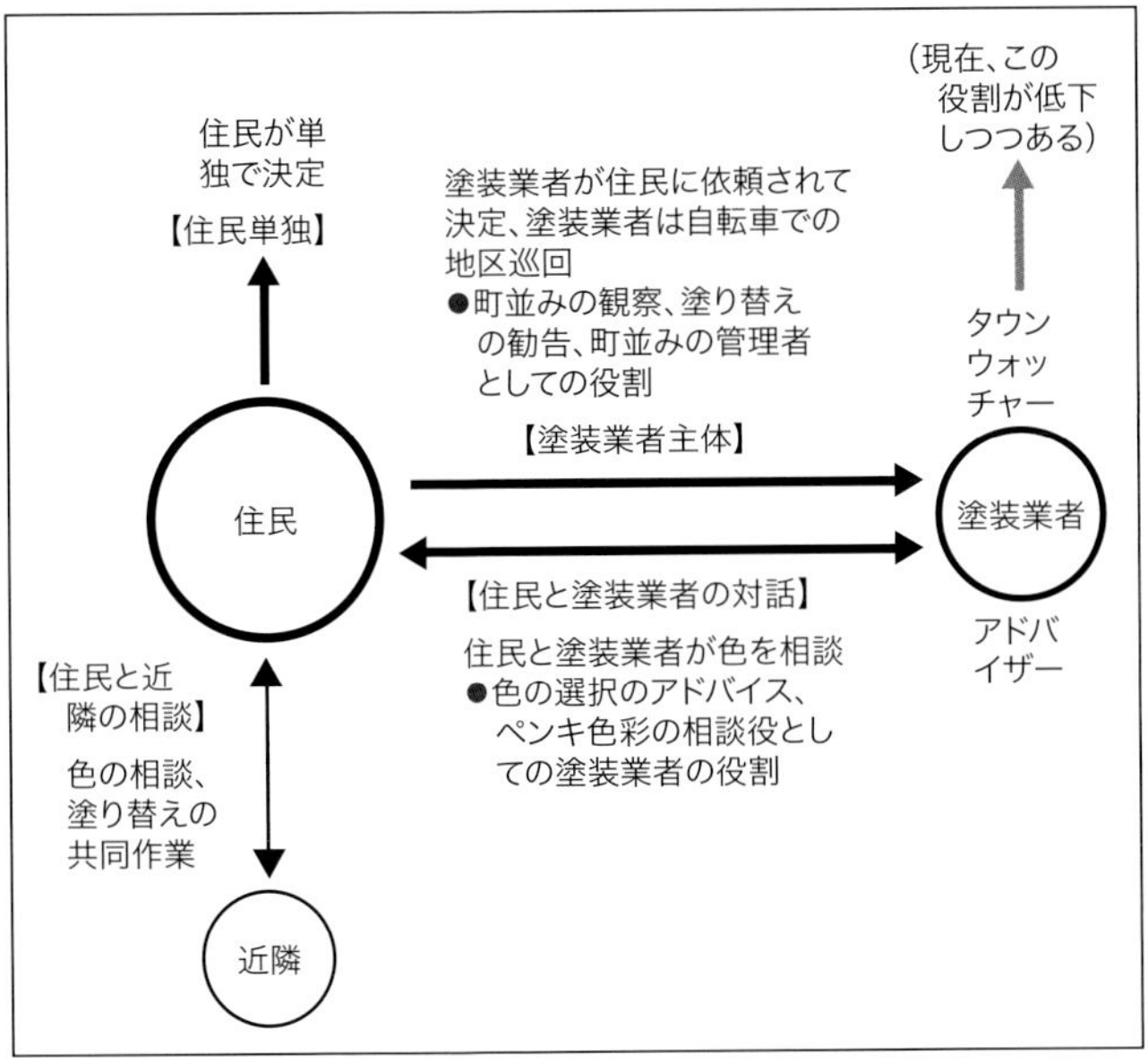

図２　色彩選択における意思決定の主体と方法

てペンキ補修の助言していたものと推測される。いわば、塗装業者は町並みの観察者、管理者（タウンウォッチャー）としての役割を担っていたのではないかと考えられる。

「色の選択等については、自分の好みをもとにして塗装業者と相談しながら決めた」（喫茶店ピースフル・プレイス、一九〇七〈明治四十〉建設、大町）。「ピンクの塗装は塗装業者に『あたらしさを表現するものはないか』と相談したところ、あげられたものだった」（大正湯、一九二八年〈昭和三〉建設、弥生町）。

住民と塗装業者の対話では、住民が自分の好み、イメージ、要望を塗装業者に伝え、塗装業者と相談しながら色を決めている。ここでの塗装業者はペンキ色彩の相談役、アドバイザーとしての役割を果たしている。

「現在の塗装は五年ほど前のもので、色の選択については向かいの柳川宅と相談して同時におこなった（これまでも同様のことを何度かおこなっている）」（浜岡家住宅、一九〇七〈明治四十〉建設、弁天町）。

住民同士の相談では、色について近隣と相談し、塗装も同時におこなうなど、一連のペンキ塗り替えを共同作業としておこなっている例がみられた。

以上を関係図として示したのが図２である。色彩選択における意志決定においては、住民と塗装業者の対話や住民と近隣の相談のように、他者との相談システムが成立しているケースがみられた。また、塗装業者の関与が比較的多くみられ、その役割が大きかったと考えられる。しかし、「最近ではペンキ塗装の塗り替えよりも、外壁のはりかえを勧めに来る業者がある」（田中家住宅、一九三二年〈昭和七〉建設、大町）ように、ペンキ塗装にかかわるかつての塗装業者との関係は変質しつつあるといえる。

色彩選択の決定要因

どのような考え方や理由で個々の建物のペンキの色が決められたのかは、町並み色彩形成にとって重要である。住民の色彩選択の決定要因には様々なものがあるが、建物や周囲の環境との関係への対応によって、関係への考慮が全くみられないものと、何がしかの考慮がみられるものの大きく二つのタイプがある。前者は西部地区の町並み色彩とは無関係に、住民個人の思いつき、その時の気分といった恣意的要素で色を選択している「個人恣意型」、後者は自分の建物との関係を考慮した「建物価値型」と地区の周辺環境との関係を考慮した「町並み型」にさらに分けられる（表1）。

個人恣意型は、住民の独善に陥る可能性があるが、このタイプは二例と少ない。「色の選択などについては、これといったポイントもなく、その時の気分で選んでいたのではないか」（民宿共真、一九一四年〈大正三〉建設、弁天町）。

建物価値型は、自分の建物へのこだわりや愛着を色彩で表現したものといえ、二十一例と最も多い。このタイプでは、その表現の仕方によって以下の五つがみられた。「色はそれまでのものにあわせて濃いクリーム系の色を選んだ。その他、五年ほど前に塗り替え現在にいたっている。その時にも前回と同様、それまでと似かよった色を塗装することを希

望した」（三洋無線電機商会、一九〇七年〈明治四十〉建設、大町）。

下見板張りペンキ塗装の洋風建物の現状の維持・保全や過去の色の再現をはかるなど、建物の時間的連続性を考慮したものがあげられる（七例）。「柱型の白は建物を大きく見せる効果を狙ったものである」（函館文化服装学院、一九二一年〈大正十〉建設、元町）。「窓などの塗り分けは外壁と同系色で　それより濃い目のものを用いるようにしている」（村中船具店、一九〇九年〈明治四十二〉建設、大町）。柱型や窓枠など建物がもつ意匠的な性格を背景に、色の心理効果の適用をはかったり、窓などの塗り分けを外壁と同系色で濃い目の色を用いてメリハリをつけるなど、建物に対する色彩効果の具体的なねらいをもって色を選択しているものである（四例）。「色については屋根の色との調和を考えながら」（深谷米穀店、一九一七年〈大正六〉建設、末広町）。

屋根の色との調和、建物全体の調和を考慮したものもある（二例）。「理容院としてモダンなイメージを表現するものを選んだ」（長谷川理容院、一九〇九年〈明治四十二〉建設、大町）。「外壁の色彩については、娘がいるのでピンク等かわいらしい色を選択してきた」（菅原家住宅、一九〇七年〈明治四十〉建設、弥生町）。

建物の用途や家族、とくに子どもにふさわしいイメージを表現する色を選択したものである（六例）。「明るい黄色から段々暗くして下の色のムラや汚れが消えるようにした」（清田商店、一九一三年〈大正二〉建設、大町）。

現状の建物の問題として色ムラや汚れがあり、それを解決するためにペンキの色相、明暗、濃さを考慮したものもある（二例）。

町並み型は、周囲の環境に対する関心と理解にもとづき、その環境との適切な関係を築くことをめざしたものといえ、十三例みられた。このタイプでは、対象とする環境のちがいにより以下の四つがみられた。

一つは、隣家と同じ色を選んだり、周囲の建物の色を参考にして色を選んだものである（四例）。「現在の色彩は七、八年前に塗装したもので隣の家と色をあわせて選んだ」（エンパイアクリーニング、一九四六年建設、末広町）。「みなとをイメージする明るい色彩としてその色を選んだ」（平和石油事務所、一九〇七年〈明治四十〉建設、末広町）。

二つ目は、建物が港に面するところに立地しており、その場所のイメージを色で表現しようとしたものである（二例）。「そのときの流行色を取り入れるようにしている」（村中船具店、一九〇九年〈明治四十二〉建設、大町）。

三つ目と四つ目は、時代によって地区の流行色があり、それを採用したものと（三例）、前述したように、旧函館区公会堂や相馬株式会社などの西部地区のランドマーク的な建物のピンク色や緑色を参考にし、それを取り入れたもの（四例）である。

色彩選択の決定要因からみると、個人恣意型は二例しかなく、多くは建物価値型、町並み型（両方合わせて三十四例の七十一％）で占められている。建物価値型とは、函館市西部地区の町並みの中で、洋風建物の柱型や窓枠等の意匠的特徴、外壁と屋根の関係、歴史的町並みとしての時間的連続性、建物の用途のモダンイメージなど、建物の特質との関係を考慮して色彩を決定したタイプである。町並み型とは、隣家や周囲の建物の色彩を参考にして色を選び調和をはかったもの、港周辺に立地するものが港のイメージにつながる色彩を選んだもの、地区のランドマーク的な建物の色彩を取り入れたり、地区で流行していた色彩を取り入れたものなど、近隣や地区への関心のなかで、環境や町並みとの関係性から色彩選択したタイプである。この建物価値型、町並み型が多くを占めることに、西部地区の町並み色彩の特徴が継承されてきた大きな要因があるといえる。

意志決定の主体、方法をみると、専門家である塗装業者が関与しているケース（塗装業者主体と、住民と塗装業者との対話の両方合わせて十九例の四十％）が最も多い。この場合、色彩選択の決定要因は建物価値型と町並み型しかなく、町並み色彩形成における塗装業者の関与の重要性が浮かびあがる。塗装業者は、営業を兼ねてであろうが、自転車で地区を巡回してタウンウォッチャーや色彩アドバイザーとして西部地区の暮らしのなかに定着していた時代があったことがヒアリングから伺える。また住民が他に相談せず単独で決定したケースも多いタイプ（十五例の三十一％）となっているが、この場合でも色彩選択の決定要因には建物価値型をあげたものが多い。住民が、西部地区の町並みのなかでの建物の意匠的特徴などに対する理解と関心をもち、それを手がかりに色彩選択していることがうかがえる。また一例のみであるが、住民同士の相談で色彩選択した事例もあり、近隣コミュニティとの関係性もみられる。

3　町並み色彩の形成の仕組み

建物や周囲の環境のペンキ色彩に対する住民の記憶の分析から、住民は数多くの思い出を語り、ペンキ色彩を鮮明に記憶していることがわかった。その記憶は様々な、具体的な生活のエピソードと結びつけられていた。生活の節目となる重要な出来事にペンキ色彩がかかわっていたことなど、住民にとって町並み色彩が暮らしの中で意味をもち、重要な役割を担っていたことがうかがえる。地区の特徴的な町並み色彩であるピンク色と緑色の記憶から、ランドマーク的建物に塗装されたそれらの色が、その周辺や近隣の住民に評価され、あるエリア内で連鎖的に模倣されて広がり、流行するという、隣接波及の現象がとらえられた。これは、住民の暮らしとのかかわりの中で町並み色彩が形成されてきた一つの具体例である。また、ペンキを塗り替える時の色彩選択の意志決定の主体、方法と決定要因の分析から、住民と塗装業者、近隣住民との間の対話、相談という、地域コミュニティにおける色彩選択の支援的なしくみをもっていることがわかった。さらに、洋風建物の柱型や窓枠等の意匠的特徴、外壁と屋根の関係などを考慮したり、隣家や周囲の建物の色彩を参考にしたり、港のイメージを考慮したり、地区のランドマーク的な建物の色彩や地区で流行していた色彩を参考にするなど、住民の色彩選択決定要因には、建物との関係を考慮した建物価値型と周囲の環境との関係を考慮した町並み型のタイプが多くを占めていた。このようなペンキ色彩と住民の暮らしのかかわりの分析から見出された、住民のペンキ色彩への鮮明な記憶、生活のエピソードと結びついたペンキ色彩の思い出、隣接波及にみられるような近隣の建物や環境の影響、評価、塗装業者や近隣住民の支援、建物価値型と町並み型の色彩選択のあり方などが、建物のペンキの塗り替え時に、相互に関係をもちながら作用し、それが地区の町並み色彩形成のしくみとして働いていたのではないかと考えられる。そこに町並み色彩が変化と多様の中で一定の調和をたもっている理由があると

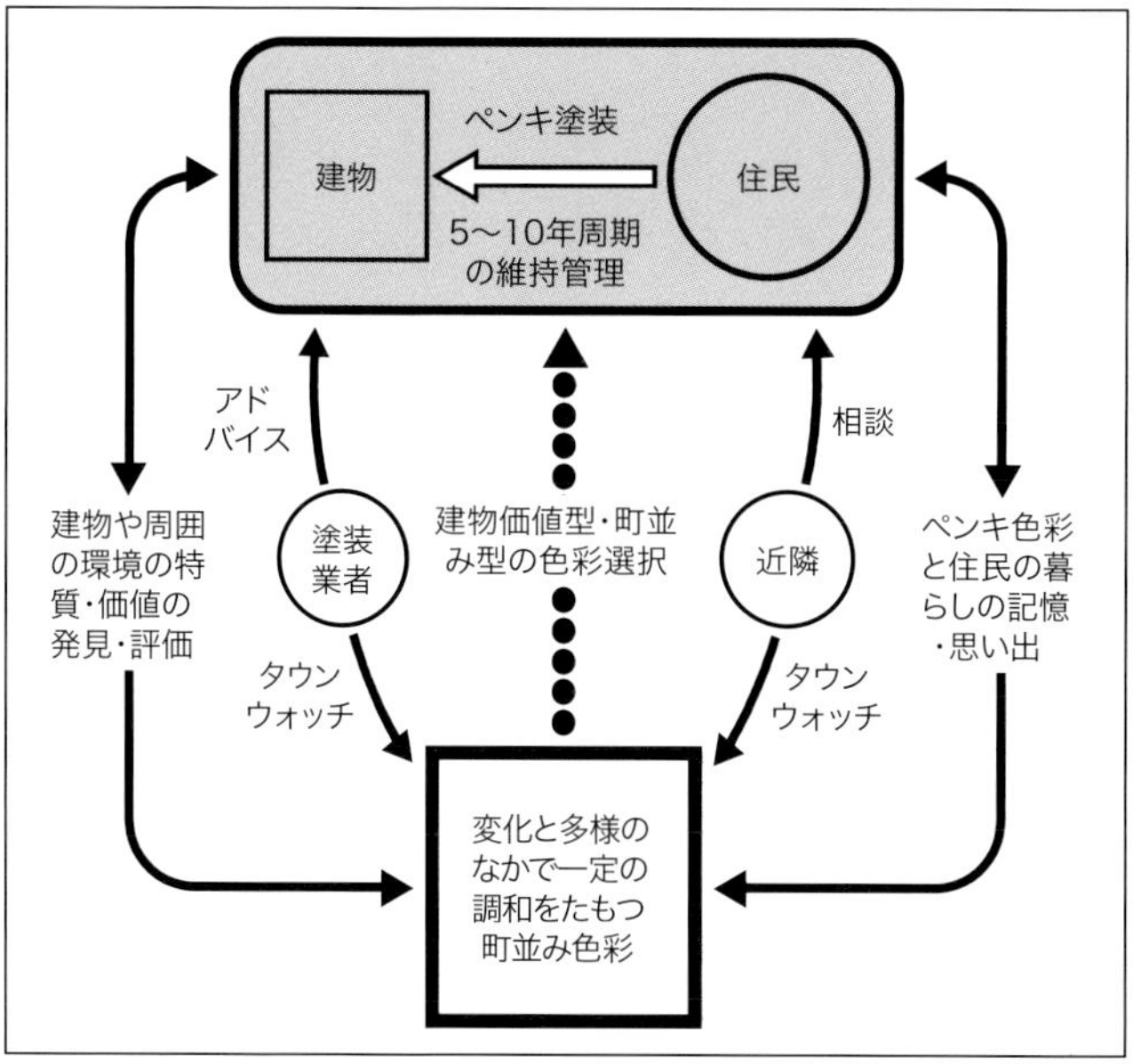

図３　函館市西部地区における町並み色彩形成のしくみ

いえる。

この函館市西部地区における町並み色彩形成のしくみをモデル化すると（図３）、①住民は建物の維持管理のために五年から十年の周期でペンキ塗装をおこなう、②その際の色彩選択の決定要因は様々であるが、住民の多くが建物価値型や町並み型といった、建物や周囲の環境との関係の中で色を決定している、③その背景には、ペンキ塗装が単なる建物の保護ということだけでなく、住民の暮らしの場面と関係づけられ、生活レベルで様々な意味をもち、それが住民の思い出として記憶に残されているため、④ペンキ塗装という周期的な行為の時に塗装業者や近隣を媒介にして、住民が建物の意匠的特徴や周囲の環境と対面し、その特質に気づき、価値を再評価し、⑤これらを通じて色彩選択と外壁等のペンキ塗り替えをおこない、⑥その結果が周辺で評価されたり、地区の町並み色彩に影響を及ぼしたりして、⑦地区全体としての町並み色彩の特質が形成され、それがまた次の色彩選択に生かされる、という循環する関係性の構造として描くことができる。

４章　神戸異人館とボストンでのペンキこすり出し

1 ── こすり出し in 神戸

函館と同様に開港場としての歴史をもち、下見板張り・ペンキ塗りの古い洋風建物が比較的よく残っているところとして、神戸、長崎がある。この三都市で、ペンキ色彩文化の比較研究ができるとおもしろいだろうなと思っていた。一九九四年、神戸を調査する機会が生まれ、こすり出しには地元の都市計画事務所のスタッフが総出で協力してくれた。

神戸は一八六八年一月一日（慶応三年十二月七日）に開港された。異人館群[1]は港近くの外国人居留地から北に約一kmの六甲山麓に位置し、一八九〇年代頃から明治後期、大正期にかけて、下見板張りペンキ塗りの異人館が数多く建てられた。大正後半から昭和初期にはモルタル塗りの洋館も建てられるようになった。第二次世界大戦にともない、異人館の居住者である外国人は国外退去を余儀なくされ、その後、多くは日本人が居住することとなった。また空襲によって、多くの異人館が失われた。しかし山本通から北野町一～四丁目にいたるベルト状の一帯は、かろうじて戦災をまぬかれ、いまに残されているのである[2]。

神戸市北野町山本通地区の重要伝建地区を含む都市景観形成地域内の建物総数は六百棟弱、そのうち異人館（モルタル外壁を含む）は五十五棟で約十%、下見板張りペンキ塗の今回の調査対象異人館は十九棟で約三%と、地区の町並みの中で異人館の占める割合は数量的には小さく、異人館以外の建物が九十%を占めているのが実態である。しかし、異人

写真１　重要文化財・小林家住宅（萌黄の館）
1989 年に白一色の外観から創建時 1903 年（明治 36）の萌黄色に復原され、塗り替えられた。

館が、歴史的にも現在においても、地区の町並みの形態や色彩を特色づけている[3]。

調査建物十九棟について、建築年代は明治期のものが十六棟、大正期のものが三棟である（表1）。創建当初の旧用途はすべて住宅であるが、調査時点の用途をみると、公開異人館と称する観光施設が最も多く八棟、住宅七棟、レストラン二棟、その他二棟であり、六割以上が住宅以外の用途へと転用されている。用途転用がなく、住宅として使われ続けているものでも、創建当初から同じ家が所有しているのは一棟しかなく、戦後すぐの一九四〇年代、五〇年代に建物所有者・使用者が入れ替わっているケースが四棟と多くみられる。

調査を補足する資料として、神戸に在住し、異人館を描き続けた画家・故小松益喜氏の代表的作品集の一つである油絵の画集[4]（以下「小松画集」）、と素描集[5]（以下「小松素描集」）、全国各地の明治の西洋館を描いた画家・近岡善次郎氏の彩色スケッチ[6]（以下「近岡スケッチ」）、④作家・堀辰雄が一九三四年（昭和七）十二月に神戸を訪問した時の滞在記で、北野の町並みを描写した「旅の絵」[7]の四点を収集した。

神戸・異人館の特色とされてきた従来の色彩

重要文化財・小林家住宅は一九〇三年（明治三十六）にアメリカ領事

表1　神戸・異人館のペンキこすり出し調査建物の概要

No	建物名称 (旧名称)	建築年	指定の有無 ・内容など	構造 階数	現用途	建物所有者・ 使用者の所有 年・入居年	ヒアリン グの有無
1	スタデニック邸	1887-96年 (明治20代)	重要伝統的建造 物群保存地区内 の伝統的建造物	木造 2階建	住宅	1887-96年 (明治20代)	無
2	チャン邸 (前サッスーン邸)	1892年 (明治25)	同　上	同上	観光施設 (公開異人館 ・民間)	1982年頃	有
3	門邸 (旧ディスレフセン邸)	1895年 (明治28)	同　上	同上	住宅	1856-57年	有
4	ホワイトハウス (旧アメリカ領事館官舎)	1898年 (明治31)	同　上	木造 平屋建	観光施設 (公開異人館 ・民間)	不明	無
5	ムーア邸 (旧ドレウェル邸)	1898年 (明治31)	同　上	木造 2階建	住宅	不明	無
6	キャセリン・ アンダーセン邸	1899年 (明治32)	同　上	同上	観光施設 (公開異人館 ・民間)	1992年	有
7	マリニン・フタレフ邸	1901年 (明治34)	同　上	同上	住宅	1952年	有
8	小林家住宅(萌黄の館、 旧シャープ住宅)	1903年 (明治36)	同　上 重要文化財	同上	観光施設 (公開異人館 ・市)	1978年	有 (神戸市)
9	丹生邸	1906年 (明治39)	重要伝統的建造 物群保存地区内 の伝統的建造物	同上	住宅	1959年	有
10	グラシアニ (旧グラシアニ邸)	1908年 (明治41)	同　上	同上	レストラン	1985年	有
11	洋館長屋 (旧桝田・橘邸)	1908年 (明治41)	同　上	同上	観光施設 (公開異人館 ・民間)	1981年	有
12	K.K.バンボーレ (旧パラスチン邸)	1914年 (大正3)	同　上	同上	ファッション ギャラリー	1985年	有
13	ラインの館 (旧ドレウェル邸)	1915年 (大正4)	同　上	同上	観光施設 (公開異人館 ・市)	1978年	有 (神戸市)
14	フロインドリーブ邸	1907年 (明治40)	都市景観形成地 域内の重要な伝 統的洋風建築物	同上	住宅	1960年頃入居 1968年所有	有
15	浅木邸	1918年 (大正7)	同　上	同上	住宅	1949年	有
16	東天閣 (旧ビショッフ邸)	1894年 (明治27)	都市景観形成地 域に隣接(山本 通3丁目14-18) ※1	同上	レストラン	1945年	有
17	プレスビデリアン ミッション (旧マカルピン邸)	1894年 (明治27)	都市景観形成地 域に近接(山本 通4丁目20-2) ※2	同上	教会の施設	不明	無
18	旧ハンター住宅	1889年頃 (明治22頃)	重要文化財。 1963年、北野 町より移築	木骨煉瓦造 2階建	観光施設 (公開異人館 ・市)	1961年 (兵庫県)	有 (神戸市)
19	旧ハッサム住宅	1902年 (明治35)	重要文化財。 1963年、北野 町より移築	木造 2階建	観光施設 (公開異人館 ・市)	1961年	有 (神戸市)

※1　①奈良国立文化財研究所・神戸市教育委員会編『異人館のあるまち神戸北野・山本地区伝統的建造物群調査報告』神戸市、1982年、および②日本建築学会編『日本近代建築総覧』技報堂出版、1980年、にリストアップされている。
※2　上記②にリストアップされている。

写真２　オフホワイト系外壁の異人館
窓枠等を緑系の配色とする

写真３　ライトベージュ系外壁の異人館
窓枠等を茶系の配色とする

館勤務のシャープ氏邸として創建された地区の代表的な異人館である（写真1）。昭和二十年代以降、ずっと白一色で塗り替えられ、「白い異人館」と呼ばれ、市民に親しまれてきた。一九八九年の修理工事にともない、外壁や窓枠がグリーン、鎧戸がナビアグリーンへと創建当初の姿に復原され、萌黄の館と呼ばれるようになった。外壁や窓枠のグリーンは「当初よりやや淡いグリーン[8]」にしたのであるが、「復原した萌黄の館の色は、観光客や市民に非常に評判が悪い。市教委としても、なぜもとの色でなければならないのかと文化庁とやりあったが、国の方針として復元を基調においている[9]」ため、やむなくしたがったようである。函館の旧函館区公会堂の復原修理の際と同様の、建物自身も周辺の景観も一変させるほどの色彩の変容への驚きや戸惑いがうかがえる。

神戸の異人館の色彩に関しては、

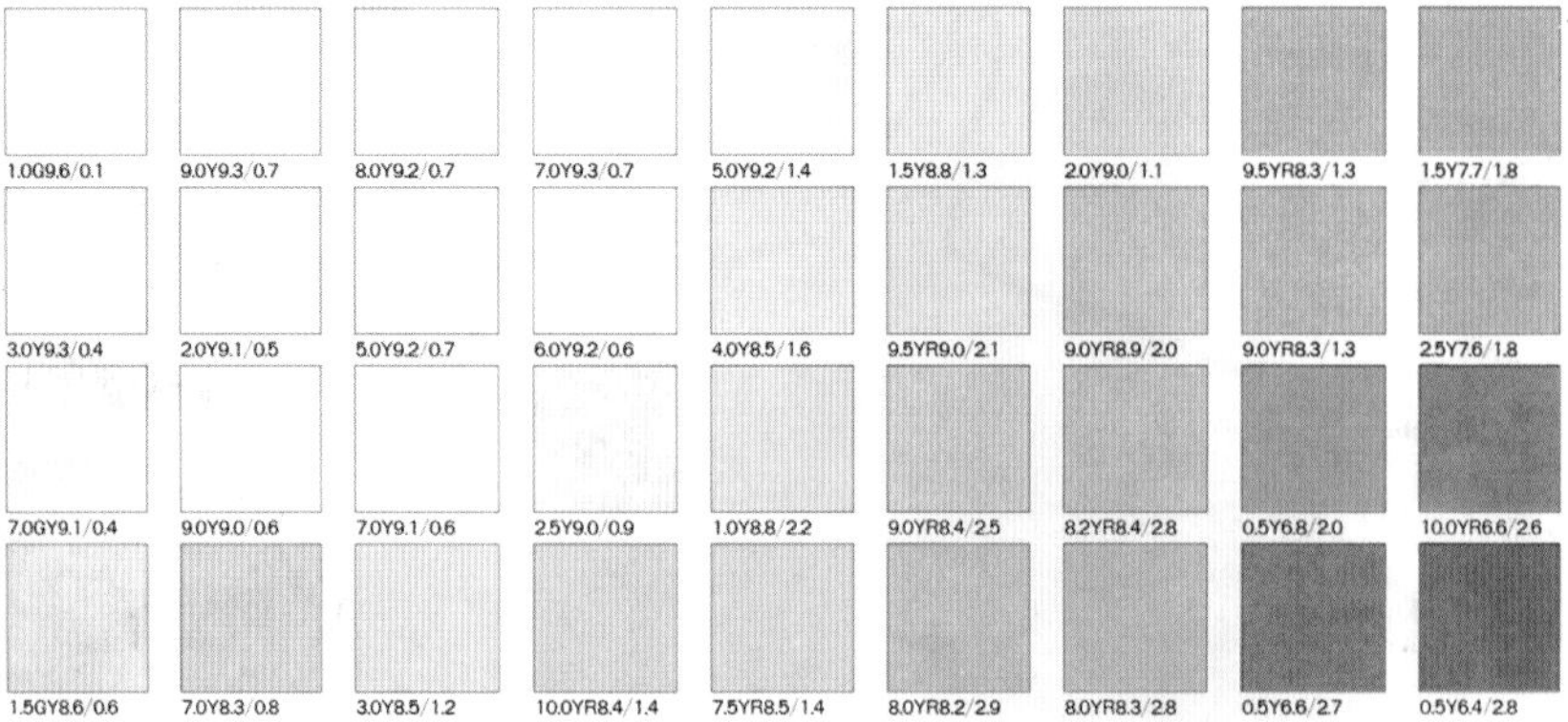

図１　異人館の色（外壁等）・基調色のカラーパレット

神戸市「北野・山本地区景観ガイドライン 神戸らしい都市景観をめざして」より転載。

「北野・山本地区における異人館の特色の一つに、意匠とともに色彩もそれぞれが個性的で異なることがあげられる。これらは大きく基調色と強調色に分かれ、それぞれが一定の枠内に納まることで全体的な調和をみせている。

〈基調色〉外壁の大部分を占める色で、建物全体のイメージを決めるものである。異人館では多くがやや暖かみのあるオフホワイト系もしくはライトベージュ系に納まっている」と解説にある。

一九七九年にカラープランニングセンターがおこなった神戸の環境色彩調査実態調査で、オフホワイト系とライトベージュ系の外壁に、茶系と緑系の窓枠等の配色（写真2、3）に特徴のあることがカラーパレットとして示され、それを根拠として行政による色彩コントロールの基準の設定、指導がおこなわれてきている（図1）。しかし、果たしてその色彩が過去の明治期や戦前期においても特徴的だったのかどうか。小林家住宅のように、まったく異なる色が使われていたのではないか。またなぜそのような色彩が使われるようになったのか、さらにその後の一九八〇年代以降も同じ色彩が使われているのかどうかはあきらかにされていない。

神戸異人館群の時層色環の分析

時層色環の分析手法を援用して建物ごとにペンキ層の各色の塗装年の特定・推定をおこない、その上で各時代の町並み色彩の分析を行った。神戸

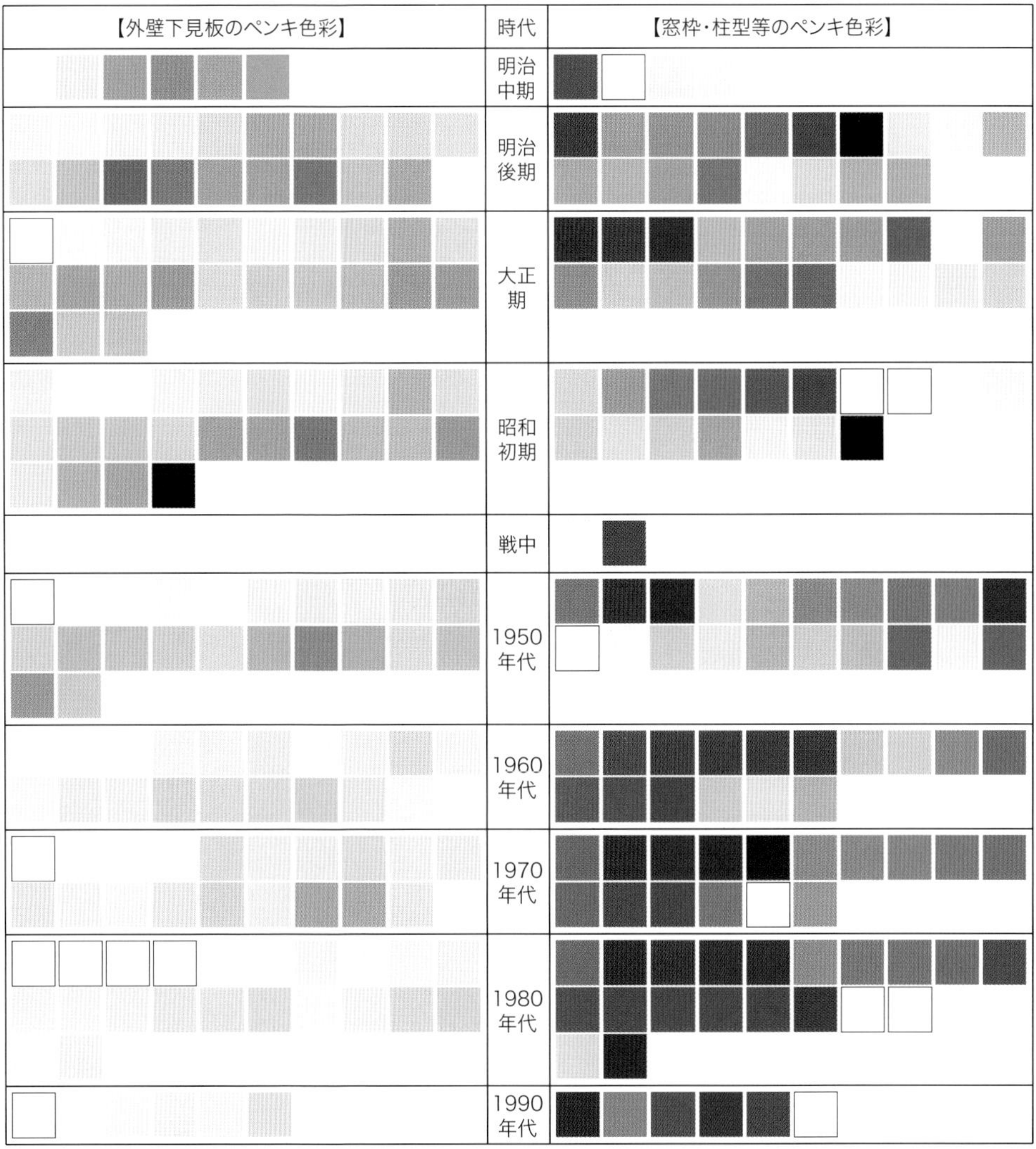

注)四角の線で囲まれているのは白色を示す。

図2　異人館19棟の外壁下見板と窓枠・柱型等のペンキ色彩の時代変遷カラーパレット
ペンキ層の時層色環分析の年代特定・推定手法による

の異人館群では窓枠や扉も重要な要素なので、分析のベースとして外壁のペンキ層に窓枠、柱型、扉等のペンキ層も加えたこと、また、すべての異人館が創建当初から塗装されていたと推定されること、の二つを函館とは異なる点として考慮した。

図2は時層色環分析から作成したペンキ色彩変遷カラーパレットである。おおむね十年ごとに、明治中期（一八八七〜一八九七年）、明治後期（一八九八〜一九一二年）、大正期（一九一二〜一九二六年）、昭和初期（一九二六〜一九三九年）、戦中（一九三九〜一九五〇年）、一九五〇年代、一九六〇年代、一九七〇年代、一九八〇年代、一九九〇年代（一九九四年まで）の十期に分類し、②十期の各時代の期間内に該当する外壁と窓枠等の色彩を抽出し、③それを色相によって、外壁ではオフホワイト系、ライトベージュ系、緑系、灰系、ピンク系、ダークベージュ系、黒系、青系、黄系の九種類に、窓枠等では茶系、緑系、オフホワイト系、ダークベージュ系、灰系、ライトベージュ系、ピンク系、黄土系、青系、黒系の十種類にまとめ、その順に並べたものである。また、表2、3は図2にもとづき、時代ごとに各種類の色彩の数をカウントしたものである。

これらによると、異人館の特徴的な色彩とされている外壁のオフホワイト系、ライトベージュ系は、戦前も使われてはいるが、両者あわせて全体の四十％未満とそれほど多くない。一九六〇年代になって七十四％と全体の四分の三を占めるようになる。それ以前の一九五〇年代まではこれらの色のほかにも緑系、灰系、ピンク系、ダークベージュ系、黒系、青系の様々な色が使われ、濃いめの色が目立つ。その中でもとくに緑系、灰系の色が多くみられる。、一九八〇年代以降になるとライトベージュ系は減り、オフホワイト系が全体の六十八〜八十三％と特化する傾向にある。

表２　外壁下見板のペンキ色彩の変遷
ペンキ層の年代特定・推定手法による

時代区分＼外壁の色	明治中期(1887-1897)	明治後期(1898-1912)	大正期(1912-1926)	昭和初期(1926-1939)	戦中(1939-1950)	1950年代	1960年代	1970年代	1980年代	1990年代(1990〜1995)
オフホワイト系	1 (17)	2 (11)	**5 (22)**	**5 (21)**	–	4 (18)	**8 (42)**	**8 (42)**	**15 (68)**	**5 (83)**
ライトベージュ系	1 (17)	**5 (26)**	4 (17)	4 (17)	–	**7 (32)**	6 (32)	**7 (37)**	**5 (23)**	1 (17)
緑系	**2 (33)**	**7 (37)**	**5 (22)**	**8 (33)**	–	**6 (27)**	3 (16)	2 (11)	1 (5)	–
灰系	1 (17)	3 (16)	**7 (30)**	3 (13)	–	–	–	1 (5)	–	–
ピンク系	1 (17)	–	1 (4)	1 (4)	–	2 (9)	1 (5)	1 (5)	–	–
ダークベージュ系	–	2 (11)	1 (4)	2 (9)	–	2 (9)	–	–	–	–
黒系	–	–	–	1 (4)	–	–	–	–	–	–
青系	–	–	–	–	–	1 (5)	–	–	–	–
黄系	–	–	–	–	–	–	1 (5)	–	–	–
合　計	6(100)	19(100)	23(100)	24(100)	0	22(100)	19(100)	19(100)	22(100)	6(100)

数値は各時代の期間内に存在し、外壁下見板にペンキが塗られ、色が確認できる建物において、その色のペンキが塗られた回数を示す。１棟の建物である時代の期間内に２回以上塗られたものも数多くみられるが、そのすべての回数をカウントしている。カッコ内は時代区分ごとの建物にペンキが塗られた回数の合計値を 100 とした時の割合％を示す。なお、各時代区分において最も多い色に濃い網かけを、２番目に多い色に薄い網かけをおこなっている。

表３　窓枠・柱型等のペンキ色彩の変遷
ペンキ層の年代特定・推定手法による

時代区分＼窓枠等の色	明治中期(1887-1897)	明治後期(1898-1912)	大正期(1912-1926)	昭和初期(1926-1939)	戦中(1939-1950)	1950年代	1960年代	1970年代	1980年代	1990年代(1990〜1995)
茶系	–	1 (6)	**3 (15)**	–	–	3 (15)	**6 (38)**	**5 (31)**	**5 (23)**	1 (17)
緑系	1 (25)	**6 (33)**	**5 (25)**	**6 (35)**	–	**7 (35)**	**7 (44)**	**9 (56)**	**11 (50)**	**4 (67)**
オフホワイト系	**3 (75)**	2 (11)	1 (5)	**4 (24)**	1 (50)	**4 (20)**	–	1 (6)	5 (23)	1 (17)
ダークベージュ系	–	**3 (17)**	2 (10)	1 (6)	–	1 (5)	–	–	–	–
灰系	–	2 (11)	**5 (25)**	3 (18)	1 (50)	3 (15)	1 (6)	–	–	–
ライトベージュ系	–	2 (11)	**3 (15)**	2 (10)	–	–	2 (13)	–	–	–
ピンク系	–	1 (6)	–	–	–	1 (5)	–	–	–	–
黄土系	–	1 (6)	–	–	–	–	–	–	–	–
青系	–	–	1 (5)	–	–	1 (5)	–	1 (6)	1 (5)	–
黒系	–	–	–	1 (6)	–	–	–	–	–	–
合　計	4(100)	18(100)	20(100)	17(100)	2(100)	20(100)	16(100)	16(100)	22(100)	6(100)

数値、網かけは表２と同じ。

写真４　小松益喜氏の絵画にみられる外壁緑系のペンキ色彩

「小松素描集」の作品「山本通１丁目の緑の家」。説明文に戦災焼失とあるので、戦前に描かれたものと思われる。

一方、窓枠等の特徴的な色彩とされている茶系、緑系についても、戦前までは両者あわせて全体の四十％以下であり、とくに茶系は少ない。一九五〇年代まではこれらの色のほかにもオフホワイト系、ダークベージュ系、灰系、ライトベージュ系、ピンク系、黄土系、青系、黒系の様々な色が使われていた。その中でもとくにオフホワイト系と灰系の色が多くみられる。一九六〇年代になって茶系、緑系あわせて八十二％と急激に増え、以降一九九〇年代まで八十％前後を占めている。一九八〇年代にはオフホワイト系が茶系と並び全体の二十三％を占め、一九九〇年代には茶系が十七％と減り、緑系が六十七％と特化する傾向にある。

小松益喜氏の絵画の分析による町並み色彩

小松益喜氏は一九三四年（昭和九）から一九九五年まで神戸に住み続け、「異人館の画家」と呼ばれるほど数多くの異人館を描き、その作品数は三千点にのぼるといわれている。小松氏の代表的な作品集である小松画集と小松素描集を分析対象とするのは、①両方あわせても掲載された作品数は百点に満たないが、代表的な異人館風景の作品が厳選されていると考えられること、②小松氏の画風は写実主義であり、異人館の色彩がデフォルメされることなく、リアルに描かれていること、③戦災で消失したり、戦後に取り壊されたりして現存しない異人館が多く描かれており、戦前などの古い時代の地区の町並み色彩の把握に有効であることなど、時層色環の調査・分析を補う貴重な資料として位置づけられると思うからである。表4、表5は、

表4　小松益喜氏の絵画での建物のペンキ色彩（外壁の分析）

制作年代 ＼ 外壁の色	戦前（1934-1941頃）	戦後1940年代	1950年代	1960年代	1970年代	合計
オフホワイト系	－(4)	－	－	3 (4)	3 (3)	6 (11)
ライトベージュ系	2 (4)	1 (2)	－	2 (2)	6 (7)	11 (15)
緑系	2 (2)	－	2 (2)	1 (1)	1 (1)	6 (6)
灰系	1 (5)	－	－(2)	－(3)	－(1)	1 (11)
ピンク系	－	－	－	1 (1)	－	1 (1)
ダークベージュ系	－	－(1)	－	－	－	0 (1)
黄系	－	－	－	2 (2)	－	2 (2)
黄土系	1 (1)	－	－(3)	1 (1)	－	2 (5)
水系	－	－	2 (2)	1 (1)	－	3 (3)
合　計	6 (16)	1 (3)	4 (9)	11 (15)	10 (12)	32 (55)

数値は外壁下見板に塗られたペンキ色彩の建物の件数を示し、カッコ内はモルタルや石の外装の建物も含めた件数である。各年代ごとに、濃い網かけは最も多いものを、薄い網かけは２番目に多いものを示す。

表５　小松益喜氏の絵画での建物のペンキ色彩（窓枠、柱型等の分析）

制作年代 ＼ 窓枠等の色	戦前（1934-1941頃）	戦後1940年代	1950年代	1960年代	1970年代	合計
茶系	2 (3)	－(1)	－(1)	3 (6)	5 (6)	10 (17)
緑系	2 (5)	－	1 (4)	1 (1)	4 (4)	8 (14)
オフホワイト系	－(2)	1 (1)	－	2 (2)	1 (1)	4 (6)
灰系	1 (2)	－	－	1 (1)	－(1)	2 (4)
ライトベージュ系	－(1)	－	－	－	－	0 (1)
ピンク系	－	－	－	2 (2)	－	2 (2)
水系	－	－	1 (1)	1 (2)	－	2 (3)
黄土系	1 (2)	－	－(1)	－	－	1 (3)
青系	－(1)	－	－	－	－	0 (1)
青系	－	－	－	1 (1)	－	1 (1)
合　計	6 (16)	1 (2)	2 (7)	11 (15)	10 (12)	30 (52)

数値、網かけは表４と同じ。

小松画集と小松素描集に掲載された絵画作品の中で、北野町山本通地区の異人館が描かれ、色彩と制作年代が確認できるものをすべて抽出し、外壁と窓枠等の二つに分類してその色彩をカウントしたものである。小松画集では四十三点の彩色画（全五十点）のうち下見板張りのものが二十六点、小松素描集では彩色画十六点（全三十二点）のうち下見板張りのものが四点、それぞれ該当した。[10] この二つの表によれば、外壁のオフホワイト系、ライトベージュ系、窓枠等の茶系、緑系の色が半数以上の多くを占めるのは一九七〇年代制作の作品であり、それ以前では様々の色がみられ、その中で比較的多いのが外壁では緑系（写真4）、窓枠等ではオフホワイト系であり、時層色環分析の結果と概ね合致している。

戦前の特徴的な外壁の色彩―緑系と灰系について

時層色環及び小松益喜氏の絵画の分析により、一九五〇年代までの異人館の外壁の色彩は多様であることがわかり、なかでも戦前の特徴的な色彩として緑系と灰系が多いことが抽出された。このうち緑系の色については、浅木邸で使われていたことがとらえられた。浅木邸の現状は一九八〇年頃に塗装された白色であるが、時層色環分析による色彩変容データ票では、外壁一層目と四層目に緑色のペンキ層が認められ、創建当初の一九一八年（大正七）と一九三三年（昭和八）頃の塗装と推定される（図3）。この浅木邸が小松素描集の作品「北野町の小径」にあり、緑色に塗られた建物が描かれている[11]（写真5）。小松益喜氏の作品解説文には「これは戦前の北野町小径である」と書かれており、小松氏が神戸に住み、異人館を描き始めたのが一九三四年（昭和九）八月以降であることから、制作時期は一九三四～一九四一年（昭和九～十二）頃と推定される。この緑色は時層色環の外壁四層目に該当すると考えられる。

外壁の時層色環のペンキ層の色票	外壁および鎧窓ペンキ層の各色の塗装年の特定・推定	鎧窓の時層色環のペンキ層の色票

層目	色　票
①	
2	
3	
④	
5	
6	(下塗り)
7	
8	(下塗り)
9	
10	

1918年：　創建当初より塗装されていたと推定。

1923年頃：
1928年頃：
1933年頃：
外壁2〜4層目の3つの色の年代は、1層目の1918年と5層目の1950年までの32年間から戦時中の12年間を差し引いた20年間の塗装間隔を均等割りして(5年)推定。

1950年頃：戦時中の塗装空白期間(1939〜1950年)及び外壁7〜10層の10年の塗り替え間隔より推定。

1960年頃：下記の建物所有者の証言より推定。

1970年頃：下記の建物所有者の証言より推定。

1980年頃：建物所有者の証言「ペンキの塗り替えは10年に1回の間隔で3回した」及び1981年撮影の神戸市所蔵写真より推定。

層目	色　票
1	
②	
3	白色(下塗り)
4	
5	白色(下塗り)
6	
7	白色(下塗り)
8	
9	

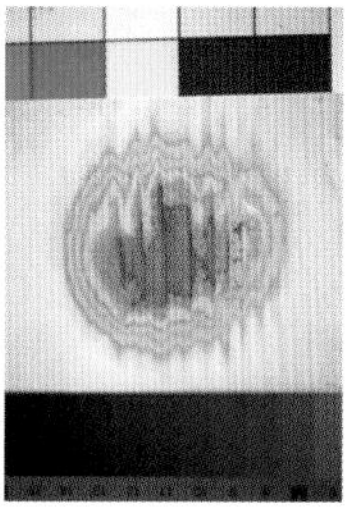

△外壁の時層色環(10層)

▽鎧窓の時層色環(9層)

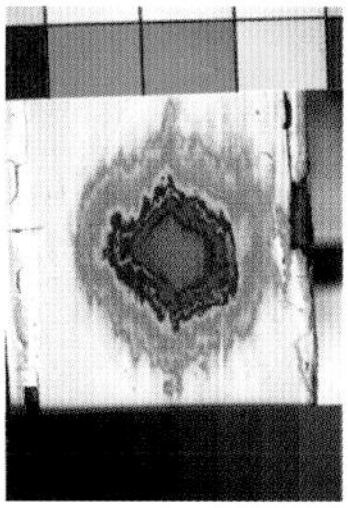

図３　戦前の外壁緑系事例の色彩変容データ票・浅木邸

浅木邸（1918 年〈大正 7〉建設）

小松素描集の作品「北野町の小径」に描かれた、戦前の緑色の浅木邸。小松素描集より引用。小松氏の作品解説文では「これは戦前の北野町小径である」としている。小松氏が神戸に住み、異人館を描き始めたのが1934年8月以降であることから、制作時期は1934〜1941年頃と推定される。上記の色彩変容データ票に基づき、1933年頃塗装と推定される外壁4層目、鎧窓2層目のペンキ色彩に該当する。

現状の白一色の浅木邸。神戸市教育委員会所蔵、1981年撮影。左の戦前の絵画にみられる煉瓦塀と小路は現在では失われ、浅木邸の周囲にはマンションが林立し、左の絵画と同一アングルでの写真撮影は現状では不可能である。この写真は左の絵画とほぼ同じ方向で、俯瞰となっている。上記の外壁10層目、鎧窓9層目の色。

写真５、６　小松素描集に描かれた浅木邸と 1981 年撮影の浅木邸

外壁の時層色環のペンキ層の色票		外壁および窓枠ペンキ層の各色の塗装年の特定・推定
層目	色　票	
①		1903年：創建当初より塗装されていたと推定。
2	白色（下塗り）	
③		1907年頃：
4	白色（下塗り）	
⑤		1910年頃：
⑥		1914年頃：
⑦		1917年頃：
⑧		1921年頃：
9	白色（下塗り）	
10		1924年頃：
11		1928年頃：
⑫		1931年頃：
13		1935年頃：
⑭		1938年頃：小松益喜氏の娘さんの証言「1940年頃の絵に外壁が薄いグレーで柱が濃いグレーのこの建物が描かれている」から推定。
15	白色（下塗り）	1944年に小林秀雄氏が購入して以降、白色に塗られていたことから推定。報告書*の「下塗、中塗、上塗」より特定。
16		1989年：報告書*の「1989年6月、修理工事竣工」より特定。

外壁3～14層目の（下塗りと思われる層を除く）10の色の年代は、1層目の1903年と14層目の1938年までの35年間の塗装間隔を均等割りして（3.5年）推定した。報告書*より創建当初は外壁と柱と軒回りがグリーン、窓枠が濃いグリーンであり、その後同じような色で4、5回の塗り替えがあったことがわかっている。

窓枠の時層色環のペンキ層の色票

層目	色　票
1	白色（下塗り）
2	（中塗り）
3	

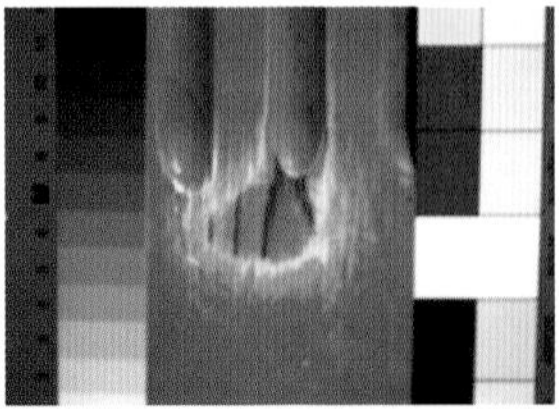

窓枠の時層色環（3層）

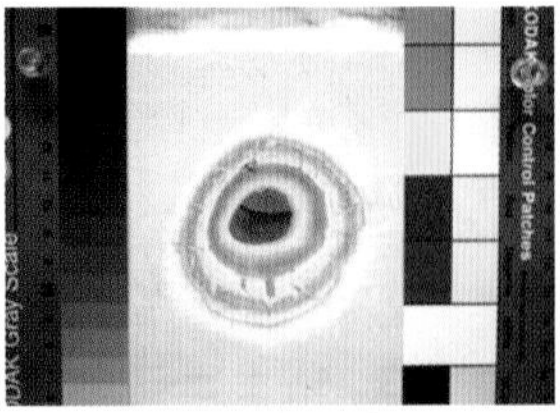

外壁の時層色環（16層）

建物外観

＊ 財団法人文化財建造物保存技術協会編　『重要文化財小林家住宅修理工事報告書』
重要文化財小林家住宅修理委員会、1989年

図４　萌黄の館の色彩変容データ票・小林邸
1903年（明治36）建設

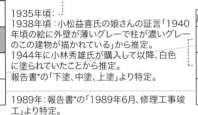

また、小林家住宅は昭和二十年代に所有者の小林氏が全体を白一色に塗り替え、一九七八年に神戸市が借用し、「白い異人館」として一般公開され、市民に親しまれていたが、一九八〇年に重要文化財指定後、一九八九年の修理工事にともなう調査の結果、創建当初とその後四、五回は緑色に塗られていたことが判明している[12]（図4）。これも時層色環分析で確認されている。さらに、作家・堀辰夫が須磨在住の友人の詩人・竹中郁を頼り、一九三二（昭和七）年十二月、はじめて神戸を訪れ、その時の滞在記「旅の絵」の中に「私たちの歩いている山手のこのへんの異人屋敷はどれもこれも古色を帯びていて、なかなか情緒がある。大概の家の壁が草色に塗られ、それがほとんど一様に褪めかかっている。（中略）、それらが曇った空と、草色の鎧扉と、不思議によく調和していて、言いようもなく美しいのだ[13]」という草色、すなわち緑色の記述があり、戦前の昭和初期には緑色の外壁の異人館が多かったことがうかがえる。

もう一つの灰系の色については、門邸で使われていたことがとらえられた（図5）。門邸の現状は一九八七年に塗装されたオフホワイト系であるが、時層色環分析による色彩変容データ票では、外壁六層目（一九二二年〈大正十一〉頃塗装と推定）と九層目（一九三八年〈昭和十三〉頃塗装と推定）に灰色のペンキ層が認められた。門邸が描かれた小松画集の作品「渡り廊下のある異人館」（一九七〇年制作）解説文の「戦争中に、灰色の壁、黄緑色の鎧窓、ダークグリーンの柱と窓わくに塗られた」という記述にある灰色の壁は、時層色環の外壁九層目に該当すると考えられる。さらに、小松益喜氏の娘さんへのヒアリングで、小林家住宅についても、「実際に父が書いた一九四〇年（昭和十五）頃の絵に柱が濃いグレーで、外壁が薄いグレーのものがある。小松は、写実主義なので、実際にグレー

外壁の時層色環のペンキ層の色票	外壁および柱型ペンキ層の各色の塗装年の特定・推定	柱型の時層色環のペンキ層の色票

層目	色票	塗装年の特定・推定
1	白色	1895年：創建当初より塗装されていたと推定。
2		1900年頃：
3		1906年頃：
4		1911年頃：
5		1917年頃：
⑥		1922年頃：
7		1927年頃：
8		1933年頃：
⑨		1938年頃：小松画集の門邸の絵の記述「戦争中、灰色の壁、黄緑色の鎧窓、ダークグリーンの柱と窓枠に塗られていた」より推定。
10		1951年頃：戦後はじめての色と推定。
11		1956年：建物所有者の言「37、8年前に所有と同時に居住、以来現在（1994年）と同じ色で6、7回塗り替えた」より特定。
12		1961年：
13		1966年：
14		1972年：
15		1977年：
16	白色	1982年：
17		1987年：神戸市の補助金交付記録より特定。

（1900年頃～1933年頃）外壁2～8層目の7つの色の年代は、1層目の1895年と9層目の1938年までの43年間の塗装間隔を均等割りして（5.375年）推定。

（1961年～1982年）所有者の言「ペンキの塗り替えは5、6年に一度、6、7回塗り替えているが、その間ずっと現在の色と同じ色でしてきている」より、11層目の1956年と17層目の1987年までの31年間の塗装間隔を均等割りして（5.17年）特定。また、右の絵画等も参考にした。

層目	色票
1	
2	
3	
4	
5	
6	
7	
⑧	
9	
10	
11	
12	（下塗り）
13	
14	（下塗り）
15	
16	白色（下塗り）
17	
18	
19	（下塗り）
20	

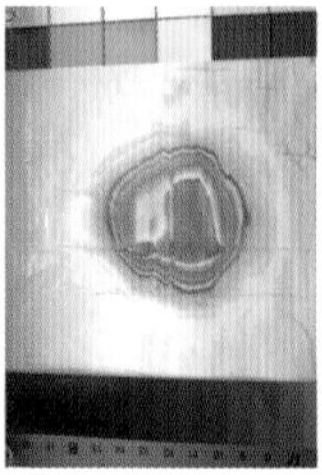

△外壁の時層色環（17層）

▽柱型の時層色環（20層）

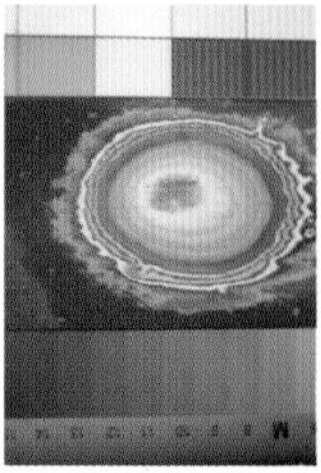

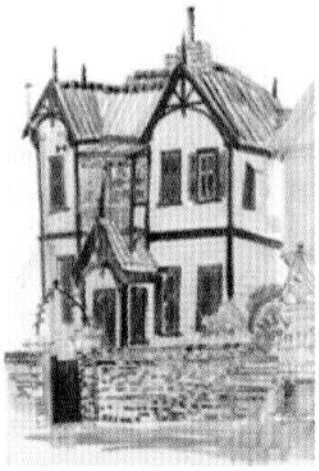

近岡スケッチより転載。1962.(年)11(月)のサインがある。左記の外壁12層目、柱型11層目に該当する。

図5　戦前の外壁灰系事例の色彩変容データ票・門邸
1895年（明治28）建設

はある時期に塗られていたものだと思う」という証言が得られているが、これも時層色環分析で確認されている（図４の14層目）。

異人館の町並み色彩の時代変遷とその要因・背景

これまでの分析にもとづき、時代の色の共通する傾向から、明治中期から一九五〇年代頃、一九六〇年代頃から七〇年代頃、一九八〇年代頃から現在までの、三つの時代区分にまとめることができ、それによる町並み色彩の変化とその要因、背景を分析する。

第１期：明治中期から一九五〇年代頃まで「多色」の時代

この時代は外壁も窓枠等も様々な色が使われ、多色の町並みの時代であったといえる。外壁には濃いめの色が使われ、とくに緑系、灰系が特徴的であった。異人館は、欧米各国の外国人によって創建され、戦前まではすべて彼らが所有し、居住していた建物である。したがって、この多色の時代は、居住者の外国人が自由に色彩を選択していた時代と考えられる。「小松画集」の中で「大きなガス灯のある異人館」（一九三九）の解説文に小松氏は「黄色とライトレッドの色の組合せは異人さん好みである[14]」と書いている。また同書で、グラッシャニ邸（写真7）について、「持主のグラッシャニ氏夫妻はフランス人で、窓の外におく植木鉢をトリコロール（フランス国旗の赤白青の三色）にぬりわけて楽しんでいた[15]」と記述しているように、日本人とは異なる色彩感覚をもつ外国人がそれぞれの国の色彩文化を反映していたものと考えられる。

第２期：一九六〇年代頃から七〇年代頃までの「オフホワイト系とライトベージュ系の外

写真７　「小松画集」の作品でのピンク系外壁の建物

「小松画集」にある写真８と同じ建物「22.グラッシャニ氏邸」。時層色環分析でも1960年代頃は外壁がピンク系、窓枠・柱型が茶系であったことが確かめられている。

写真８　オフホワイト系一色の異人館・グラシアニ

1908年（明治41）建設。1994年調査時のレストラン「グラシアニ」。外壁、窓枠、柱型とも白一色で、1984年に塗り替えられた。なお鎧戸のみ濃緑色としている。

壁、緑系と茶系の窓枠等」の時代それまでの濃いめの多色の時代から、外壁をオフホワイト系とライトベージュ系の薄めの明るく淡い、パステル調の色とし、窓枠等を緑系と茶系の濃いめの色とする色彩で、メリハリのきいた塗り分けに大きく転換する。この色彩変化の背景には、第二次世界大戦にともない、異人館の所有者・居住者である在留外国人が国外に退去し、その後、日本人によって建物が所有・使用されるという建物所有者の入れ替わりがあげられる。小松益喜氏が「建物の灰色、窓が黄緑色で実に美しく調和していた。が、後に日本人が住んでからは、壁は白に、よろい窓はセピアとインディアン・レッドとの中間色と、常識的な色にぬりつぶしてしまった。色の神経のつかい方が、やはり違う[16]」と記述しているように、外国人の色彩文化と日本人のそれの違いが、町並み色彩変化の大きな要因になったと考えられる。

一九六〇年代頃から始まる、明るく淡い色の外壁に濃いめの色の窓枠等の塗り分けへの変化の背景として、①この地区は昭和三十年代に異人館を壊して新しい外国人向け住宅や事務所などへの建設、旧ハッサム住宅、旧ハンター住宅の移築、風俗向けホテルの建設など、町並みが急激に変化し、それに対する環境改善の住民運動も展開された。こういう町並みの変容に対する地域コミュニティの結束の表現、町並み保全の意志の表現として統一的な色彩を選んだと考えられること、さらに、②函館と同様に、戦後の一九五〇年頃からの油性塗料から合成樹脂塗料へのペンキ材料の変化にともない淡い色の定着性が高まったこと、また、進駐軍の影響により淡い中間色が使用されるようになったことが考えられる[17]。

第3期：一九八〇年代頃から現在までの「オフホワイト系」の時代

一九七〇年代以降、地区は観光地化が進み、異人館は商業利用へと機能転換がおこると共に、さらに建物所有者の入れ替わりがおこる（八棟）。これらを要因として、一九八〇年代頃からオフホワイト系一色の建物が増えてきている（写真8）。同時に、一九八〇年の重要伝建地区の選定、一九八九年の景観ガイドラインの設定にともない、行政による色彩の指導・助言がおこなわれ、外壁のオフホワイト系と窓枠等の緑系の現状を維持する方向がみられ、全体としてオフホワイト系の町並み色彩へと画一化する傾向が生まれた。

函館市西部地区の町並み色彩との比較

函館市西部地区の町並み色彩は、明治初期から現在までの間、二十年から三十年の周期で時代とともに変わってきていること、大火被災後や戦時中の物資不足の時の色の選択自由がない時期[18]を除き、赤茶系、黄系、緑系、白系、クリーム系、灰系、青系、茶系、ピンク系等の多色の町並みが形成され、一九七〇年代以降の近年では多色の中にも住宅地のピンク色や港湾地区の緑色というエリアごとの特徴的な色があることを述べた。これに比べて神戸・異人館の町並み色彩は、第一に、明治中期の一八八〇年代末から一九五〇年代頃までの約六十年間は変化がなく、安定していたことがあげられる。短期変化型の函館に対して、神戸は長期安定型といえ、異なるタイプである。この理由の一つとして、建築形態や建物の維持管理、所有・居住状況の安定度があげられる。神戸の異人館は庭付き一戸建ての邸宅で、明治期の創建時から戦前までは、在留外国人が所有・居住し続け、また町並みにかかわる建物の改造がほとんどなく、現在でも原形をとどめるものがほとんどで、維持管理状態もよい。函館に比べて色彩変化の要素が少なかったと言える。

第二に、最近の傾向として、函館では多色の町並みを維持しているのに対して、神戸では外壁がオフホワイト系の単色へと向かいつつあること、とくに一九八〇年代頃からその画一化の傾向が著しいことがあげられる。これは、地区の観光地化や、重要伝建地区の選定にともなう行政の色彩に関する現状維持への指導といった社会変動、環境変化を背景とするものである。函館でも大火や戦争の影響により、過去に単色の時代があった。

第三に、戦前には多色の町並みが形成され、とくに濃い色が使われていたことがあげられる。これは函館と共通する特性である。この戦前の濃い色には、日本人とは異なる色彩感覚をもつ外国人の好みと、函館の場合と同様に時代の色との両方の要因が考えられる。

2　こすりだし in ボストン

函館の下見板張りの建物の色彩調査をはじめた当初から、そのルーツ、アメリカの様子を調べることが、研究の重要な骨組みのひとつとなるだろうという予感はあった。北海道と気候が近く、開拓の手本となったニューイングランド地方とペインテッド・レイディズで有名な港町サンフランシスコの比較研究を是非やってみたかった。

しかし、いざ調査に行こうとなると、限られた時間（仕事の都合からいって二、三週間）のなかで、ペンキのこすり出しのようないわば変なことをアメリカの人に理解してもらって、実際やってみるというようなことが果たしてできるだろうか。いきなり押しかけて、うまくいくはずはないし、さりとてどこに連絡して準備をすればよいのか、心配になることが多くあった。事前準備を進めるために、我々の研究の英文レポートを作成した。このレポートが研究を理解してもらうのに現地調査ではおおいに役立った。また五年ほど前に別な調査で訪れたことがあるのを手掛かりに、ナショナル・トラスト・フォー・ヒストリック・プリザベーションという歴史的な建物の保存組織の本部と支部に手紙と英文レポート、こすり出し手法の実演ビデオを合わせて送り、アメリカでの調査の協力を依頼した。「函館の洋風木造下見板建築及びペンキのルーツは、実は貴国アメリカなのであります。それで私達はルーツをたどり、木造下見板建築のペンキ色彩に関する、函館とアメリカの比較研究をおこなおうと考えました…」。

しかし、出発直前になって、サンフランシスコにあるナショナル・トラスト・西地区支部から返事が来て、「残念ながら、協力依頼には応じることはできない。ついては地域の保存団体を紹介するから、直接交渉してくれ」とのことであった。なんとかなるさとは思いつつも、不安一杯の旅立ちであった。

ボストン訪問

北海道開拓のルーツ、ニューイングランドの街でペンキこすりをするためにボストンへ行くために、一九九〇年八月三十日ニュヨーク午前八時発のアムトラックに乗る。ボストン南駅で降りて、ナショナル・トラスト・北東地区支部へ向かう。一九八五年にも来た所だ。元の市役所の建物を再利用した堂々の威容を誇る。中庭のテラスレストランで腹ごしらえ。鱒がおいしい。珈琲も飲んで、覚悟を決める。英語で交渉しなくちゃ。女性の職員が出てきて、「レポートは読ませてもらった。興味深い内容だ。しかしここでは直接、こすり出し調査の協力はできないので、次のところを紹介するから行ってみてはどうか」と、アドレスと電話番号を教えられる。サンフランシスコの支部からの手紙もあり、予想していたこととはいえ、ボストンもやはりそうか。これからは頼れるものもなく、ぶっつけ本番、直接交渉でやってかなくちゃならない。

ナショナルトラストを出たら、三時半過ぎ。紹介されたのは二ケ所。一つは歩いても行けそうな近く、もう一ケ所は郊外にある。ぐっとにらんで郊外の方が可能性がありそうだと判断する。しかし五時前にまでにつけるかどうか。急いでレンタカーを借りることにする。今日を逃すと明日は金曜日、レイバー・デイ（九月三日）にかけての連休の前で、みんなそわそわ、まともに対応などしてくれそうもないだろう。

ボストンの西の郊外、ウォルサム市ライマン通り一八五の広大な敷地のなかに、SPNEA[19]（ニューイングランド古代保存協会）の保存技術研究所があった。事務室は一七九三年に建てられた大邸宅、旧ライマン邸のなかにある。秘書を通して所長に面会を申し込むが、休暇中。我々は建築のペンキ色彩の研究に来た。その分野でどなたか話のわかる人はいらっしゃらないか。待つことしばし、やがて現われた髭の青年がグレゴリー・クランシー[20]であった。グレゴリーは建築の修復保存技術者、しかもラッキーなことに、歴史的なペンキ色彩の専門家なのだ。アポイントもなく、突然おしかけた我々の面倒を、その日から三日間親身にみてくれることになったのだ。

SPNEAとは一九一〇年に設立され、連邦政府の博物館部門とメーン州とマサチューセッツ州の芸術委員会の補助金により設立された文化財の管理、保全や修復事業などを行うNPOである。NPOと言ってもかなり大きな組織で、大きく三つの仕事を行なっている。一つはニューイングランドの五つの州にまたがり、四十三の文化財建築（そのなかには十七世紀のいわゆるソルトボックスとよばれる開拓初期の農家から、一九三七年に建てられたW・グロピウスのアメリカでの最初の作品である自邸まで含まれている）を所有

写真９　SPNEA の実験室棟でのこすり出しを行う筆者

し、内三十四の建物を博物館として公開（事前に申し込めば結婚式などの会場としても利用することができる）している他、家具や壁紙、装飾品、写真や資料の膨大なコレクションなど、文化財の管理運営をおこなっている。二つ目は小中学生や一般市民に古建築などの知識や生活体験をつたえる環境教育のプログラムを企画、運営する仕事である。三つめが、我々がお世話になった保存技術研究所の業務である修復、保存技術の研究と実際の古建築や家具などの修復、復元を行なう仕事である。

我々が来た意図を伝え、英文のレポートを見せるとグレゴリーは大いに興味を示し、様々なペンキ色彩に関連する資料をひっぱりだしてきてくれる。その中で、我々にを驚ろかしたのは、保存技術研究所でのグレゴリーの上師であったモーガン・フィリップスが一九七五年に書いた「ペイントの研究と復元についてのノート」[21]というレポートであった。そのなかになんと、こすりだしの手法[22]が紹介され、時層色環の写真までがのっていたのである。レポートの内容はこうだ。従来行なっていたペンキ色彩の層の分析手法はナイフでペンキ面を直径二分の一インチ程度カットし、ペンキの層を虫眼鏡で観察し、層の数を数える。彼の提案した手法はペンキ面をナイフでカットした後、その部分を砂で磨いて、なめらかな断面をもつ直径一インチ程度のクレーター状の円環に広げる。この方法だと断

写真10　クーパー・フロスト・オースティン・ハウス
1690年建設

面で見える部分が大きいので、薄いペンキの層を見逃すことがない。またひびわれたペンキ層のなかに後から塗ったペンキが染み込んでいるような場合でも、ペンキの層の順番を間違わずに分析することできる。そうやって磨いたペンキの層の写真を資料として載せている。残念ながらモノクロ写真で、色彩はわからないが、幾重にも同心円状にひろがるペンキの層はまさに時層色環そのものであった。先達がいたのだ。さすが、アメリカと感心する。

アメリカでの最初のこすり出し物件はグレゴリーの案内で、保存技術研究所の実験室棟（旧ライマン邸の車庫）となった（写真9）。建築年は一七九三年、コロニアル様式。ニューイングランドあたりではペンキの塗り替えは十～十五年おきというから、十五年十層で計算すれば、十三層程度の時層色環があらわれるかと期待したが、こすり出しの結果は外壁下見板で六層、入口の扉で十層であった。下見板は古い順に濃茶、薄茶、黄色かかった灰色、灰色、白、灰色。グレゴリーの分析では下見板の時層色環の数が予想より少ないのは十九世紀後半に張り替えたせいかも知れない、最も古い層の濃茶は十九世紀後半に流行した色だ、と。扉は濃灰色、茶系が六回続いて、濃緑、青系の灰色、現在の濃緑（黒に近い）。函館ではあまりみられない色の変化幅の小さい時層色環である。また塗られている色自体が日本では全然見ない渋い色合いである。グレゴリーは色の分析

写真11　クーパー・フロスト・オースティン・ハウスの窓枠のこすり出しを行うグレゴリー

では扱いの得手な顕微鏡を持ち出して、時層色環を詳しく観察する。こすり出しは大いに気にいってしまったらしい。

こすり出しの第二棟目は、SPNEAの所有、公開しているソルトボックスと呼ばれる十七世紀に建てられた開拓民の住宅であった。グレゴリーがその建物の管理当番となっていた土曜日の午後、ハーバード大学に近い、住宅街に向かった。欝蒼たるエルムの木にかこまれ、前面の芝生の中に真白に塗られた建物が眩しい。玄関わきの壁に、青のサインボードがかかっており、クーパー・フロスト・オースティン・ハウス（一六九〇年建設、ケンブリッジで残る最も古い時代の住宅）とある。室内に入ると、非常に低い天井と、自然木をつかったむきだしの太い梁に、驚かされる。中央にれんがで組まれた暖炉があり、それをはさんで一階は接客用の部屋と居間の二室。後ろの切妻屋根の一方がのびて片流れ屋根になった部分は台所である。実にシンプルで明快な構成のアメリカ住宅の原形であった。

こすり出しの結果は外壁の下見板のペンキ層で十層。建物の年代の割には時層色環の層の数が少ない。一九一二年にSPNEAがこの建物を取得した時、十八世紀の後半に空屋の時代が三十年ほどあったといわれるので、その間にペンキの層がはがれた可能性がある、と。アメリカで住宅などの建物にペンキが塗られるはじめるのは一七三〇年頃からといわれる。この建物も建設当初はペンキが塗られていなかったのだろう。色彩は古い順に、クリーム色、続いて灰色系が五回続いて、またクリーム色が現われて、現在に近い時代では白が三回続く。ここも色調の変化幅の小さい時層色環であった。彼はますます興味をもったようで、この界隈の建物の時層色環を軒並み調べてみたいね、といたずらっぽく微笑む。コロニアル様式の建物はペンキ色彩の流行が時代により様々に変化したとしても、そこで使われる色合いや色の組み合わせは、ビクトリアン様式のそれが使われることは、けっしてないということである。

またもうひとつ色の変化が小さいという理由に、現在使われている色自体に、たとえば十八世紀の鉄錆色の赤のような歴史的な色合いの色が復元され、よく使われるということがあげられる。そのため過去と現在の色彩的断絶がないのである。これはさらに現在の町並みの色彩をシックで落ち着いたものにみせる大きな原因ともなっている。ニューイングランドという土地は、コロニアル様式と呼ばれる時代、十七世紀から十九世紀前半の建物の色使いを今も大切に守り続けているところがある。白を下見板の色に、柱や窓、扉などには濃い色を使う。逆に下見板には濃緑やべんがらのような赤を使い、柱や窓などは白というパターンは今もこの地に根着いていて、現われる色調も過去と現在に大きな変化がない。そういう意味からもボストンで採集した時層色環は、コロニアル様式に代表されるニューイングランドの特性と生活レベルでの保守主義を感じさせるものであった。函館の町並み色彩が時代とともに大きく、激しく変化するのとまさに対照的であった。

こういうきっかけでボストンでのこすりだし調査は始まった。

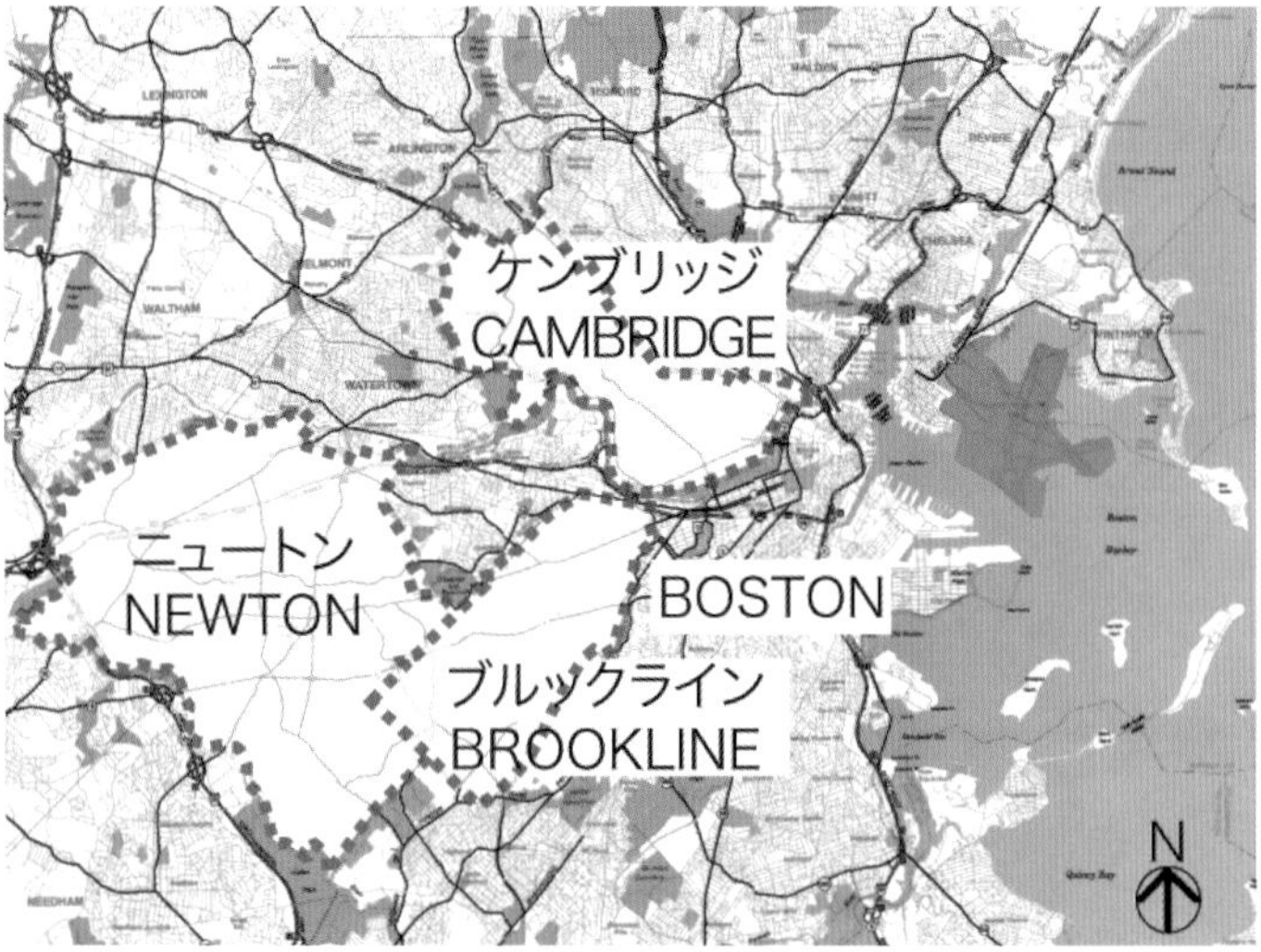

図６　ボストン周辺こすり出し調査地区の地図
ケンブリッジ、ブルックライン、ニュートンの３地区の位置。広域ボストンエリア地図を元に加工して作成。

ボストン周辺こすり出し調査

本格的なこすり出し調査は翌一九九一年八月から九月にかけて行なうことになった。マサチューセッツ州の州都ボストンの周辺の住宅地区を対象とし、ボストンからチャールズ川を超えて隣接するケンブリッジ市、西側で隣接するブルックライン市とニュートン市の三つのエリアを選び、その住宅地区を調査対象とした（図６）。函館や神戸の建物と建築年の近い、十九世紀後期のものを主な対象とし、その建物数は、ケンブリッジ十八棟、ブルックライン十一棟、ニュートン十三棟の総計四十二棟であった。

建築年代は一八八〇年代のものが十八棟、一八七〇年代のものが九棟、一八九〇年代のものが六棟と、十九世紀後半のヴィクトリア期のものがほとんどを占める。最も古いのは一七〇〇年代のもので、逆に最も新しいのは一九〇〇年代初期のものであった。建築様式は、ヴィクトリア期の時代を反映したもので、クイーン・アン様式が十八棟と最も多く、イタリアネイト様式が五棟、セカンド・エンパイア様式とスティック様式が各四棟、シングル様式とコロニアル・リバイバル様式が各二棟であった。現在の建物用途は住宅が三十六棟とほとんどを占めるが、店舗、大学の施設、公共施設も一〜三棟あった。

調査はSPNEAのグレゴリー・クランシー氏が窓口となり、ケンブリッジ市歴史委員会のスーザン・メイコック氏、ブルックライン市保存委員会のカーラ・ベンカ氏、ニュートン市歴史委員会のジョン・アーサー氏にそれぞれ協力を依頼しおこなった。[23]

ボストンの時層色環調査と町並み色彩の特徴

時層色環の分析

下見板張り建物のペンキこすり出しによる時層色環調査の結果、四十二棟の建物ごとの各部位のペンキ層の数と色、その塗り始めから調査時点までの塗装順序がわかった。外壁の場合、ペンキ層数五層以下が一棟（二・四％）、六〜十層が十一棟（二十六・二％）、十一〜十五層が十五棟（三十五・七％）、十六層以上が十五棟（三十五・七）であった。ケンブリッジ、ブルックライン、ニュートン三地区ごとの平均はそれぞれ十四・六層、十二・五層、十三・四層、中位値は十四・五層、十三層、十四層、最多は二十一層、二十層、二十層であった。

函館よりもペンキ層の多かった神戸の平均十・四層、最多二十層とくらべて、平均で約二〜四層多いのが目立つ。なお、外壁以外の窓枠・柱型等では、三地区ごとの平均はそれぞれ十三・三層、十四・四層、十・一層、中位値は十四層、十四層、十層、最多は二十二層、二十六層、十七層であった。

典型的な時層色環の事例として、外壁と窓枠・柱型等においてペンキ層数が最も多かったものを三地区ごとに選び、その建物の外観とあわせて、写真12に示す。これらの時層色

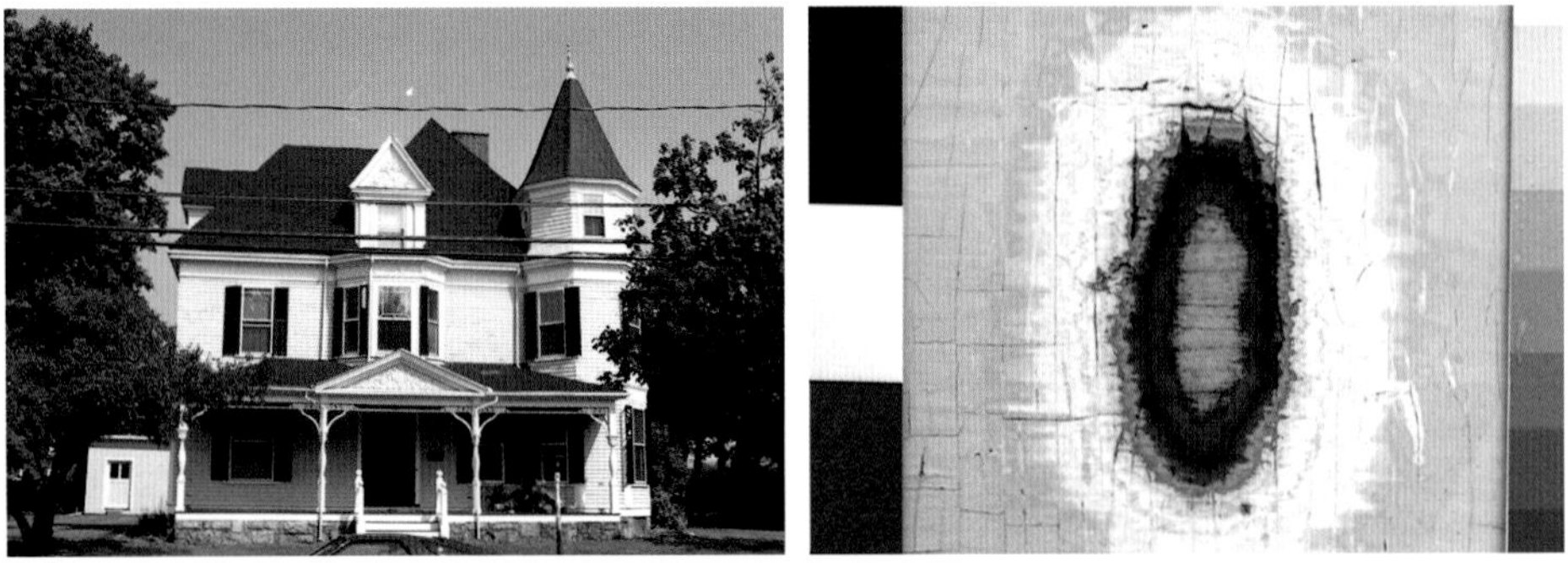

ケンブリッジ地区における外壁ペンキ層数最多 21 層の時層色環
Joanne Turnbull House（1883 年建設、クイーン・アン様式）

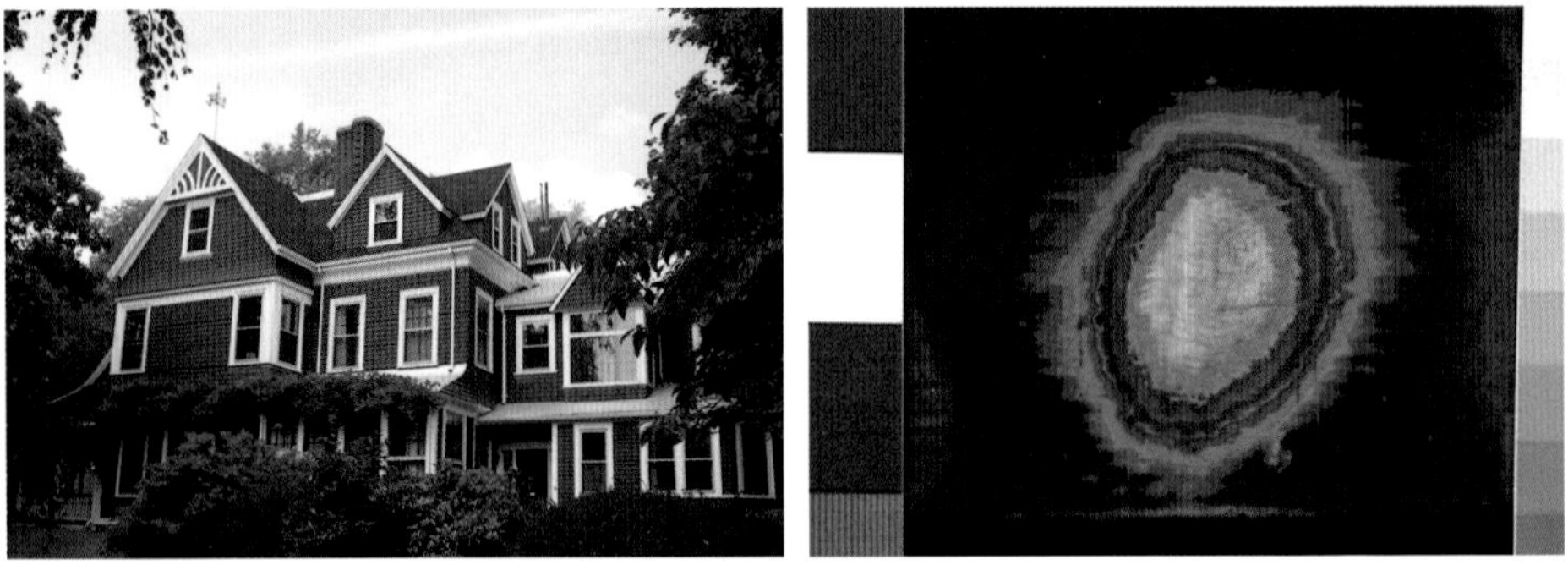

ブルックライン地区における外壁ペンキ層数最多 20 層の時層色環
Susan Porter & Myron Miller House（1811 年建設、フェデラル様式）

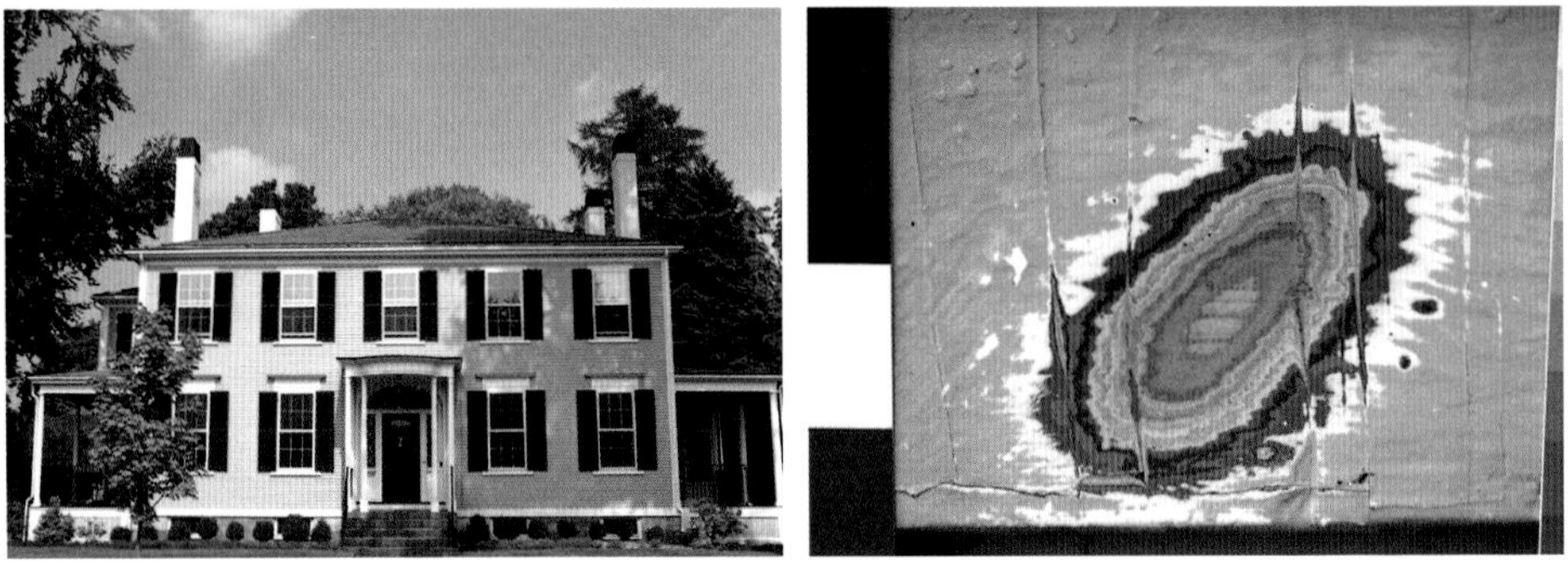

ニュートン地区における外壁ペンキ層数最多 20 層の時層色環
Mr. & Mrs. John Holz House（1886-88 年建設、トランジショナル様式）

写真 12　ボストン郊外３地区での住宅と時層色環の事例
外壁ペンキ層のこすり出しから得た最多数時層色環の事例（左：住宅外観、右：時層色環）

$$\text{推定塗装間隔年}=\frac{\text{最新塗装年ー塗り始め年（創建年と推定）}}{\text{上塗りペンキ層の総数}-1}$$

図７　推定塗装間隔年の算出式の考え方

環をみると、函館、神戸と同様に、すべてのペンキ層が同じ色で塗装されていた建物はなく、異なる色で塗り替えられていることがわかる。

この四十二棟の建物ごとの外壁および窓枠・柱型等の時層色環について、時層色環の分析手法を用い、建物ごとにペンキ層の各色の塗装年の特定・推定をおこない、その上で、各時代の町並み色彩の分析手法を援用した。アメリカではすべての建物が創建当初から塗装されていたと推定した。これは、ペンキ層数が多かったことからも裏付けられる。ただし、居住者へのヒアリングができなかったために、最新塗装年が不明の建物が多い。そこで、塗り始め年を創建年と推定し、塗装間隔は一定として、図7のような式にもとづき、推定塗装間隔年を算出し、最新塗装年をはじめとする各ペンキ層の塗装年を推定した。

このようにして時層色環分析を四十二棟の建物すべてについて行なった。最新塗装年については、建物居住者へのヒアリングから十棟で特定できた。また、八棟でペンキ層間の塗装間隔年が特定でき、その最短は一年、最長は十五年、平均七～九・六年、中位値六～八・八年であり、神戸の平均七・九年、中位値七・四年とくらべて大きな違いはみられなかった。また、ペンキ層の塗装年の推定によって得られた塗装間隔年の平均は九・二～十・三年、中位値七・八～十・三年で、特定できたものよりもやや塗装間隔年が大きいといえる。

図8、9は、ブルックライン、ニュートンの各地区において、外壁のペンキ層数が最も多かった代表的な建物について、建物居住者へのヒアリングにより、多くのペンキ層の塗装年が特定できた典型事例について、時層色環分析による色彩変容データ票を示したものである。

図8は、ブルックライン地区で外壁のペンキ層数が最多の二十層、柱型のペンキ層数

外壁の時層色環のペンキ層の色票	外壁および柱型ペンキ層の各色の塗装年の特定・推定	柱型の時層色環のペンキ層の色票

層目	色 票	
1		1888年：居住者の証言より、1888年に改築し、下見板を張り替えた時から塗装されていたと推定。
2		1893年：
3		1899年：
4		1904年：
5		1910年：
6		1915年：
7		1921年：
8		1926年：
9		1932年：
10		1937年：
11		1942年：
12		1948年：
13		1953年：
14		1959年：
15		1964年：
16		1970年：
17		1975年：
18		1980年：
19	白色（下塗り）	
20		1986年：居住者の証言より1986年塗り替え。

外壁2～18層目の17の色の年代は、1層目の1888年と、20層目の1986年頃までの98年間の塗装間隔を均等割りして（5.44年）推定。

層目	色 票
1	白色
2	
3	
4	白色
5	
6	白色
7	
8	
9	
10	白色
11	
12	
13	
14	
15	白色
16	
17	白色
18	白色
19	白色

居住者の証言より、色の選択理由として、オリジナルの色を選ぶようにしている。

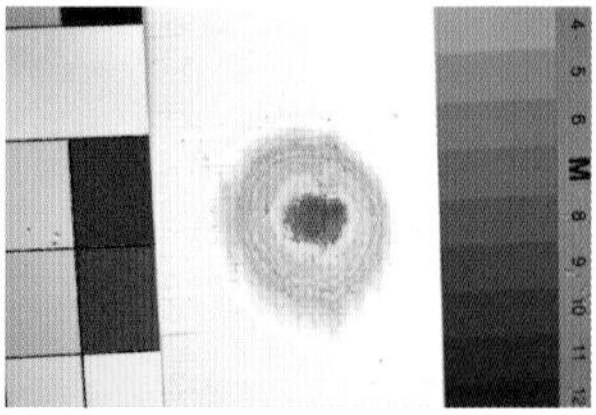

柱型の時層色環（19層）

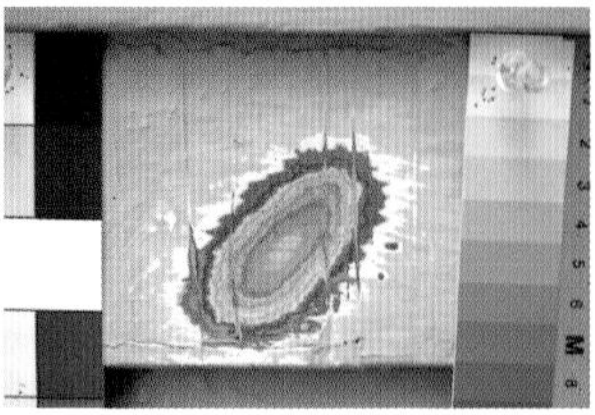

外壁の時層色環（20層）

建物外観

図８　時層色環分析による建物ごとの色彩変容データ票の事例１
ブルックライン地区で外壁のペンキ層数が最多の 20 層の事例
Susan Porter & Myron Miller House（1811 年建設、フェデラル様式）

十九層の代表的事例、スーザン・ポーター&マイロン・ミラー邸（一八一一年、フェデラル様式）である。居住者へのヒアリングから、現状の色彩である外壁二十層目の黄系と柱型十九層目の白系は、一九八六年に塗装されたものと特定できた。この色を選択した理由は、「オリジナルの色を選ぶようにしている」とのことで、原型の価値を評価する姿勢がうかがえた。また、一八八八年に改築し、下見板を張り替えたとのことで、外壁、柱型一層目のともに白系は、この一八八八年に塗装されたものと推定した。外壁十九層目の白色の下塗りを除く、残る十七層については、一層目と二十層目の九十八年間を均等割りし、塗装間隔を五・四四年とし、各ペンキ層の塗装年を推定した。この図によれば、外壁では一八九〇年代頃から一九一〇年代頃までの暗くて濃い目の緑系、茶系がめだつ。その後、明るく、淡い黄系、ピンク系、青系、クリーム系、ベージュ系のさまざまの色が使われ、一九六〇年代頃から濃い目のピンク系が三回続き、一九八六年から現状の黄系となった。一方、柱型は、概ね外壁とは異なる色で、しかも白系や白に近い、薄めの灰系や緑系、ベージュ系、クリーム系、ピンク系が使われ、外壁の色とのコントラストを強調し、装飾性を高める配色がおこなわれていた。

図9は、居住者へのヒアリングにより多くのペンキ層の塗装年が特定できた典型事例として、ニュートン地区のロバート・スミス夫妻邸（一八九二年、クイーン・アン様式）をとりあげたものである。居住者へのヒアリングから、一九六〇年から五〜七年おきに、六回塗り替えられたことがわかった。一九六〇年に外壁七層目の灰系へ、一九六六年に外壁八層目の灰みの青系へと、二回続けて同系色に塗り替えられている。その後、一九七一年に外壁九層目の緑系へと、それまでとはまったく異なる色へと塗り替えられ、以降

外壁の時層色環のペンキ層の色票	外壁および窓枠ペンキ層の各色の塗装年の特定・推定	窓枠の時層色環のペンキ層の色票

層目	色票	塗装年の特定・推定
1	白色	1892年：創建当初より塗装されていたと推定。
2		1903年：
3		1915年：
4		1926年：
5		1937年：
6		1949年：
7		1960年：居住者の証言より、1960年に灰色へ塗り替え。
8		1966年：居住者の証言より、1966年に灰青色へ塗り替え。
9		1971年：居住者の証言より、1971年に緑色へ塗り替え。
10		1977年：居住者の証言より、1977年に緑色へ塗り替え。
11		1982年：居住者の証言より、1982年に緑色へ塗り替え。
12	白色（下塗り）	
13	白色（中塗り）	
14		1989年：居住者の証言より、1989年に緑色へ塗り替え。

外壁2〜6層目の5つの色の年代は、1層目の1892年と7層目の1960年までの68年間の塗装間隔を均等割りして（11.33年）推定。

層目	色票	塗装年の特定・推定
1		
2	白色	1898年：
3		
4		1909年：
5		
6		1921年：
7		
8		
9		
10		
11		
12		
13		
14		
15	白色（下塗り）	
16	白色（中塗り）	
17	白色	

居住者の証言より、色の選択理由として、魅力的であることと、ヴィクトリア期のテイストであることをもとに選んだ。

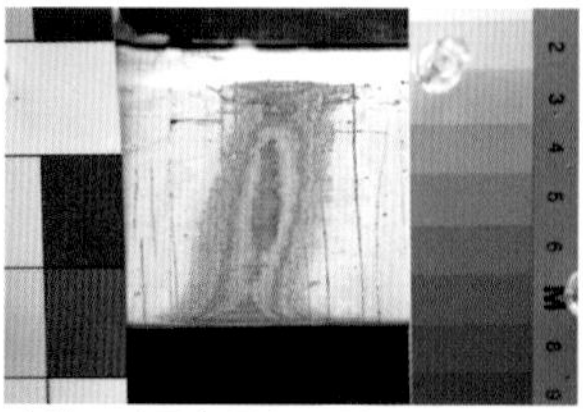

窓枠の時層色環（17層）

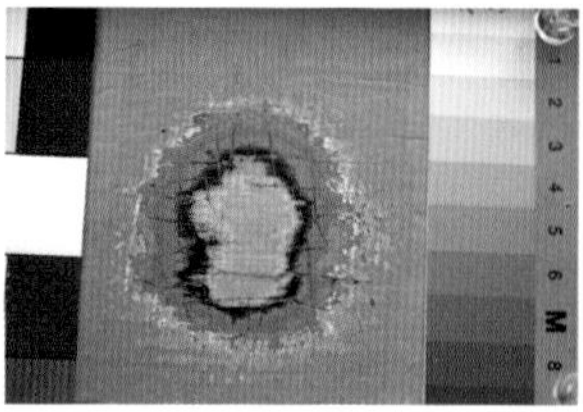

外壁の時層色環（14層）

建物外観

図9　時層色環分析による建物ごとの色彩変容データ票の事例２
居住者へのヒアリングにより多くのペンキ層の塗装年が特定できる事例
Mr. & Mrs. Robert Smith House（1892年建設、クイーン・アン様式）

一九八九年まで外壁は四回連続して同じ緑系としている。その選択理由として、「魅力的であることと、ヴィクトリア期のテイストであること」があげられている。これに対して窓枠では、ベージュ系、クリーム系、灰系、白系とそれぞれ異なる色が使われている。一九六〇年以前については、外壁一層目の白系が創建時の一八九二年に塗装されたと推定し、残る外壁二〜六層については、一層目と七層目の六十八年間を均等割りして塗装間隔を十一・三三年とし、各ペンキ層の塗装年を推定した。外壁では一九一〇年代頃までは白系、クリーム系、ピンク系の明るい色であったが、一九二〇、三〇年代頃は濃い緑系と青系が使われ、大きく変化してきたことがとらえられた。

時層色環で明らかになった各時代の町並み色彩

函館での分析手法の手順に加えて、時代区分を設定した上で、全建物の色彩変容データ票の集計をおこない、各時代における色の種類と数を把握した。四十二棟の建物において、外壁と窓枠・柱型等のすべての上塗りペンキ色彩を対象に、①十九世紀後半のヴィクトリア期の時代を考慮して、十九世紀と二十世紀をさかいにおおむね二十年ごとに、一八五〇〜一八七〇年代、一八八〇〜一八九〇年代、一九〇〇〜一九一〇年代、一九二〇〜一九三〇年代、一九四〇〜一九五〇年代、一九六〇〜一九七〇年代、一九八〇年代〜調査年の一九九一年、の七期に分類し、②七期の各時代の期間内に該当する外壁と窓枠・柱型等の色彩を抽出し、③それを色相によって、外壁では白系、灰系、クリーム系、ベージュ系、肌系、ピンク系、オレンジ系、黄系、緑系、青系、茶系の十一種類に、窓枠・柱型等では

表6　ボストン周辺３地区での時代区分による全建物の色彩変容データの集計

○ **ケンブリッジ**

時代区分／外壁の色	1850-70年代	1880-90年代	1900-10年代	1920-30年代	1940-50年代	1960-70年代	1980年代-1991年
白系	**5 (50)**	6 (16)	4 (9)	1 (2)	5 (11)	3 (7)	2 (9)
灰系	2 (20)	2 (5)	7 (16)	**13 (29)**	**16 (35)**	**16 (36)**	**6 (26)**
クリーム系	1 (10)	2 (5)	3 (7)	6 (13)	4 (9)	3 (7)	2 (9)
ベージュ系	−	2 (5)	**9 (20)**	**11 (24)**	4 (9)	2 (4)	−
肌色系	−	−	3 (7)	1 (2)	1 (2)	1 (2)	−
ピンク系	−	2 (5)	3 (7)	2 (4)	2 (4)	1 (2)	2 (9)
黄系	−	1 (3)	1 (2)	2 (4)	1 (2)	−	1 (4)
緑系	1 (10)	**13 (34)**	6 (14)	4 (9)	**6 (13)**	5 (11)	**5 (21)**
青系	1 (10)	−	−	3 (7)	4 (9)	5 (11)	1 (4)
茶系	−	**10 (26)**	**8 (18)**	2 (4)	3 (7)	**9 (20)**	4 (17)
合　計	10 (100)	38 (100)	44 (100)	45 (100)	46 (100)	45 (100)	23 (100)

○ **ブルックライン**

時代区分／外壁の色	1850-70年代	1880-90年代	1900-10年代	1920-30年代	1940-50年代	1960-70年代	1980年代-1991年
白系	−	3 (30)	1 (0)	**4 (33)**	2 (18)	3 (20)	−
灰系	−	−	−	2 (17)	1 (9)	**5 (33)**	2 (22)
クリーム系	−	−	−	1 (8)	1 (9)	−	−
ベージュ系	−	−	1 (10)	−	1 (9)	−	1 (11)
肌色系	−	−	−	−	−	−	−
ピンク系	−	−	−	2 (17)	−	3 (20)	1 (11)
オレンジ系	−	−	−	−	1 (9)	2 (13)	1 (11)
黄系	−	−	1 (10)	1 (8)	1 (9)	−	1 (11)
緑系	1 (100)	**4 (40)**	3 (30)	−	2 (18)	−	−
青系	−	1 (10)	−	2 (17)	2 (18)	−	2 (22)
茶系	−	2 (20)	**4 (40)**	−	−	2 (13)	1 (11)
合　計	1 (100)	10 (100)	10 (100)	12 (100)	11 (100)	15 (100)	9 (100)

○ **ニュートン**

時代区分／外壁の色	1850-70年代	1880-90年代	1900-10年代	1920-30年代	1940-50年代	1960-70年代	1980年代-1991年
白系	−	3 (18)	3 (13)	5 (20)	**9 (34)**	**15 (52)**	**7 (44)**
灰系	−	−	3 (13)	2 (8)	2 (8)	3 (10)	2 (13)
クリーム系	1 (50)	−	2 (8)	2 (8)	2 (8)	−	−
ベージュ系	−	2 (12)	1 (4)	1 (4)	1 (4)	1 (3)	1 (6)
肌色系	−	1 (6)	−	1 (4)	−	−	−
ピンク系	−	−	2 (8)	−	3 (12)	2 (7)	1 (6)
黄系	−	−	3 (13)	−	−	−	1 (6)
緑系	−	3 (18)	4 (17)	**6 (24)**	**6 (23)**	**5 (17)**	2 (13)
青系	−	−	2 (8)	1 (4)	−	1 (3)	2 (13)
茶系	1 (50)	**8 (47)**	4 (17)	**7 (28)**	3 (12)	2 (7)	−
合　計	2 (100)	17 (100)	24 (100)	25 (100)	26 (100)	29 (100)	16 (100)

○ **３地区合計**

時代区分／外壁の色	1850-70年代	1880-90年代	1900-10年代	1920-30年代	1940-50年代	1960-70年代	1980年代-1991年
白系	5 (38)	12 (18)	8 (10)	10 (12)	**16 (19)**	**21 (24)**	**9 (19)**
灰系	2 (15)	2 (3)	10 (13)	**17 (21)**	**19 (23)**	**24 (27)**	**10 (21)**
クリーム系	2 (15)	2 (3)	5 (6)	9 (11)	7 (8)	3 (3)	2 (4)
ベージュ系	−	4 (6)	11 (14)	**12 (15)**	6 (7)	3 (3)	2 (4)
肌色系	−	1 (2)	3 (4)	2 (2)	1 (1)	1 (1)	−
ピンク系	−	2 (3)	5 (6)	4 (5)	5 (6)	6 (7)	4 (9)
オレンジ系	−	−	−	−	1 (1)	2 (2)	−
黄系	−	1 (2)	5 (6)	3 (4)	2 (2)	−	3 (6)
緑系	2 (15)	**20 (31)**	**13 (17)**	10 (12)	14 (17)	10 (11)	7 (15)
青系	1 (8)	1 (2)	2 (3)	6 (7)	6 (7)	6 (7)	5 (11)
茶系	1 (8)	**20 (31)**	**16 (21)**	9 (11)	6 (7)	13 (15)	5 (11)
合　計	13 (100)	65 (100)	78 (100)	82 (100)	83 (100)	89 (100)	47 (100)

表の数値は各時代の期間内に存在し、外壁下見板にペンキが塗られ、色が確認できる建物について、その色のペンキが塗られた回数を示す。1棟の建物で、ある時代の期間内に２回以上塗られたものも数多く見られるが、その全ての回数をカウントしている。

カッコ内は時代区分ごとで、建物にペンキが塗られた回数の合計を100とした時の割合%を示す。

なお、各時代区分において最も多い色に濃い網掛けを、２番目に多い色に薄い網かけを行なっている。

白系、灰系、クリーム系、ベージュ系、肌系、ピンク系、オレンジ系、黄系、緑系、青系、茶系、黄土系、赤系の十三種類に分類し、整理した（表6）。

これにもとづき、ケンブリッジ、ブルックライン、ニュートンの三地区において、各時代ごとに建物の色彩の数をカウントし、集計すると、どの地区においても、また、どの時代においても、一つや二つの色で統一されていたことはなく、さまざまな色が使われていたことがわかる。その中で、時代によって、また、地区によって特徴的な色を見出すことができる。

十九世紀後期の一八八〇～九〇年代頃には、外壁では緑系と茶系がそれぞれ、三地区あわせて全体の三十一％ずつと多くみられる。窓枠・柱型等も同様に、緑系が三十一％、茶系が二十二％と多いが、白系も二十八％を占めている。二十世紀に入って、一九〇〇～一九一〇年代頃も、外壁では三地区あわせて緑系が十七％、茶系が二十一％と多いが、前の十九世紀後期にくらべると減少している。それにかわり増加したのがベージュ系十四％と灰系十三％で、ケンブリッジ地区ではとくにベージュ系が二十％と最も多い。この頃の窓枠・柱型等は、三地区あわせて灰系が二十四％、白系が十八％と多く、以降現在までこの二つの色が概ね半数を占め、ニュートン地区ではとくに白系が多くみられる。次の一九二〇～一九三〇年代頃には、外壁では三地区あわせて灰系が二十一％、ベージュ系が十五％と多くなる。この傾向はケンブリッジ地区に顕著にみられ、灰系が二十九％、ベージュ系が二十四％と半数を占めるようになる。一九四〇年代以降は、外壁では三地区あわせて灰系と白系が多くみられ、ケンブリッジ地区ではとくに灰系が、ニュートン地区では白系が多い。

写真13　外壁の緑系の事例

写真14　外壁の茶系の事例

ボストン周辺の町並み色彩の時代変遷とその要因・背景

分析にもとづき、時代の色の共通する傾向から、十九世紀後期の一八八〇年代頃から九〇年代頃まで、二十世紀前期の一九〇〇年代頃から一九三〇年代頃まで、二十世紀中期の一九四〇年代頃から現在までの、三つの時代区分にまとめることができ、それによる町並み色彩の変化とその要因、背景を分析、考察する。

第1期：十九世紀後期の一八八〇年代頃から九〇年代頃までの多色の中における「緑系」と「茶系」の時代

この時代は、外壁も窓枠・柱型等も様々な色が使われ、多色の町並みの時代であったといえる。その中で比較的多く使われ、特徴的であったのは、外壁では緑系と茶系の濃い目で暗い色（写真13、14）、窓枠・柱型等では外壁と同系色かまたは白系の色であり、外壁の色と同調した比較的おとなしい配色のタイプと、外壁の色とのコントラストを強調し、装飾性を高めるタイプの、対照的な二タイプがあったと考えられる。アメリカでは五十年から百年単位で時代による色の流行があり、十八世紀には安価な顔料を要因とする鉄錆のような赤色とくすんだ黄色が、十九世紀前半にはグリーク・リバイバル様式建築の流行にともなう白色が、十九世紀後半にはヴィクトリア様式建築の流行にともない多色による塗り分けとダーク・アンド・リッチとよばれる暗くて濃い目の色調が、二十世紀にはパステル調の明るい色が、それぞれ流行したといわれている。[24]この十九世紀後半の時代の、ヴィクトリアン様式建築のダーク・アンド・リッチの色調が反映され、様式建築文化主導型の町並み色彩が形成されていたと考えられる。

第2期：二十世紀前期の一九〇〇年代頃から一九三〇年代頃までの多色の中における「緑系、茶系」から「灰系、ベージュ系」への移行の時代

この時代も前期を継承し、多色の町並みが基本である。多色の中の特徴的な色彩として、二十世紀に入ってすぐの一九〇〇年代頃から一九一〇年代頃までは、とくに前期の外壁の濃い目で暗い緑系、茶系の色を継承しながらも、ベージュ系などのパステル調の明るい色が増えてきた。一九二〇年代頃から一九三〇年代頃には、灰系とベージュ系が増え（写真15、16）、十九世紀後半のダーク・アンド・リッチの色調から徐々に、無彩色系の落ち着いた色やパステル調の明るい色へと変化してきたといえる。窓枠・柱型等は灰系と白系が多く、前期と同様に外壁の色との同調型とコントラスト型の二つの配色タイプがみられる。この色彩変化の背景として、一つは、函館や神戸と同様に、ペンキ材料の変化にともない淡い色の定着性が高まったことがあげられる。二つ目として、時代の流行色を取り入れた

写真 15　外壁の灰系の事例

写真 16　外壁のベージュ系の事例

ことが考えられる。三つ目として、前期の十九世紀後半の暗い色に対して、世紀が代わって新しい時代への希望や期待を、明るい色によって表現しようとしたことが考えられる。

第3期：二十世紀中期の一九四〇年代頃から現在までの多色の中における「灰系、白系」の時代

この時代も多色の町並みが継承され、オレンジ色などの新しい色も見られるようになった。その中でも比較的多く使われ、特徴的なのが、外壁も窓枠・柱型等も灰系と白系である（写真17、18）。前期で萌芽的にみられた無彩色系の落ち着いた色彩への変化が定着しつつあるといえる。この色彩変化の背景として、一つは、下見板張り建物の起源となる十七世紀におけるコロニアル様式建築の白の時代に戻ろうという、伝統回帰の意識が働いているのではないかと考えられる。二つ目として、ケンブリッジ、ブルックライン、ニュートンの三地区は、いずれも郊外の住宅地で敷地が広く、緑の豊かな屋敷型の建築タイプからなる町並みであり、これに最も調和する色として灰系と白系の無彩色が選ばれたのではないかと思われる。三つ目として、アメリカの一般住民には、石造や煉瓦造の組積造の住宅の方が木造下見板張りの住宅よりも価値が高く、それらへの憧憬という共有のイメージがあり、この石を表現する色として灰系や白系を使っているのではないかと考えられる。すなわち、伝統文化回帰型、周辺の自然環境調和型、石のイメージ表現型などの町並み色彩の形成としてとらえられる。地区全体として多色の町並みという基本構造は変わらないが、その中での特徴的な色彩は連続的に、ゆるやかに変化し、十九世紀後半のヴィクトリア様式の建築文化がもつ華やかな色彩から、伝統、地域の環境、住民の共有イメージにもとづく、落ち着いた色彩への変化がうかがえる。

写真 17　外壁の灰系の事例

写真 18　外壁の白系の事例

5章　ペンキ塗りボランティア隊 in 函館

1　公益信託函館色彩まちづくり基金

函館色彩まちづくり基金誕生

函館・町並み色彩研究の意味は、建物の色彩にこめた地域にすむ人々の街への思いやささやかだが楽しい自己表現のあり方といったものに加え、住民が街を守り、環境向上の努力を進めていくうえで、自分たちの手で街の環境を実体的に発見し、自ら働きかけを行うことが如何に重要であるかを認識したことであった。この研究は一九八八年、トヨタ財団から研究コンクールの助成(1)を受けスタートしたものであったが、三年間の研究(2)の後、一九九一年にその成果によりコンクールの最優秀賞を受賞した。この年の最優秀賞は研究奨励金二千万円を獲得することができたため、奨励金を活用して色彩まちづくりを発展的に進める函館独自の市民まちづくり方式をつくれないだろうかということになった。二千万円を公益信託の基金として、町並み色彩に代表される魅力的な函館の歴史的環境を今後も安定した地域の生活基盤としていくべく、市民が市民のまちづくり活動を支援する仕組みをつくりだした。

二年の準備をへて一九九三（平成五）年七月「公益信託函館色彩まちづくり基金」（愛称を「函館からトラスト」という）が誕生した（図1）。それはまちづくり公益信託制度のなかで、特に市民運動が委託者となって設定されたものとしては全国でもはじめての試

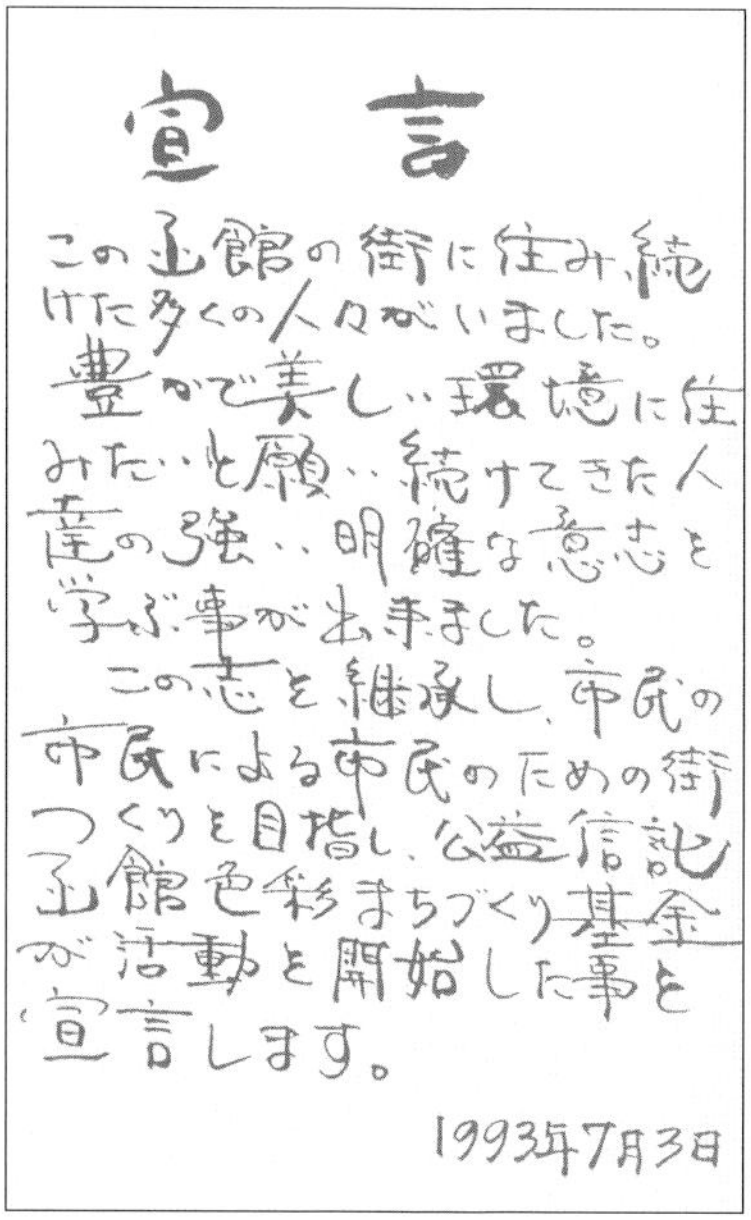

宣言
この函館の街に住み続けた多くの人々がいました。

豊かで美しい環境に住みたいと願い続けてきた人達の強い明確な意志を学ぶ事が出来ました。

この志を継承し、市民の市民による市民のための街つくりを目指し、公益信託函館色彩まちづくり基金が活動を開始した事を宣言します。

1993年7月3日

図２　パンフレットに記された「宣言」

図１　函館からトラストのパンフレット

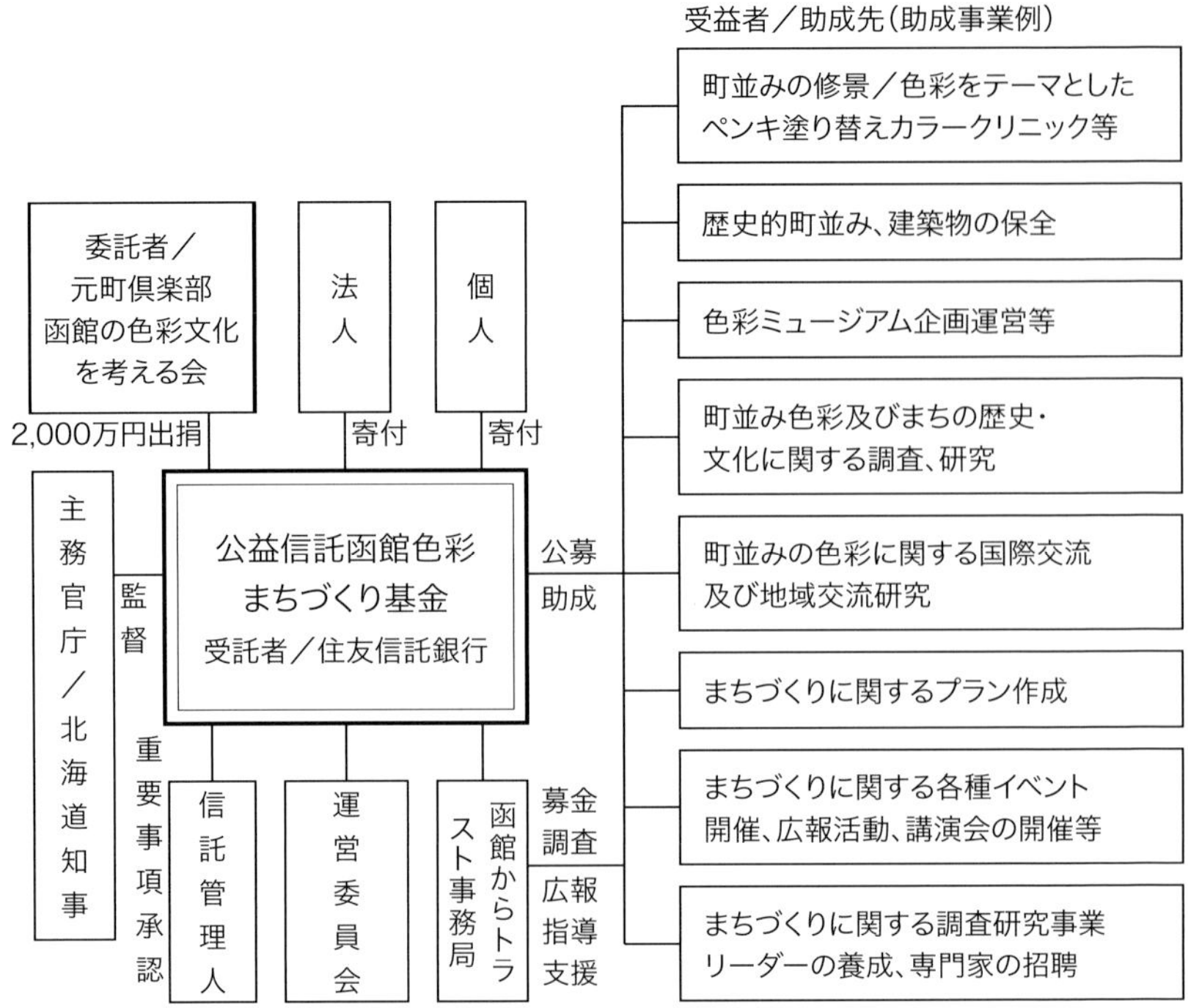

図3　函館からトラストの運営体制の図
函館からトラストのパンフレットより

みであった。基金誕生時のパンフレットには「市民の市民による市民のためのまちづくりを支援する」と宣言された。

公益信託とは基金を委託者から受託した信託銀行が財産を運用し、収益を公益事業に提供する制度である。同様の目的で財団法人を設立するよりも、事務機関の必要がないことや基金の規模が小額でも成立できるなど、委託する側の負担が軽いというメリットがある。受託者の信託銀行は主務官庁への申請をはじめ、財産管理、助成金の給付など運営全般に係わる事務をおこなってくれる。

しかし信託銀行はまちづくりの専門知識や地域の情報をもたないし、信託報酬の範囲内では活動内容も限定されるので、活発な活動を行おうとすれば、やはりしっかりした事務機関の確立が課題となる。函館の場合では西部地区のまちづくり運動を担ってきた住民、都市計画や公益信託などの専門家のボランティアによる「函館からトラスト事務局」を信託銀行を補佐するかたちで設定し、助成先の公募事務や、助成団体への情報提供やアドヴァイス、報告会の開催、募金活動等、基金を運営、支援する様々な活動を機動的に行う体制をつくり出した（図3）。基金の顔として、助成先の検討や基金自体の基本方向の決定では運営委員会が大きな役割を担った。

信託銀行、運営委員会、函館からトラスト事務局の三者から構成される「函館からトラスト」は具体的に五つの「から」にこだわって、市民まちづくりを支援していくことになった。

●函館のカラーにこだわる

函館のカラー（色彩や地域の歴史文化）にこだわった町並み、まちづくりを支援する。

●函館からの発信

市民の活動要求を育て、市民まちづくりの活動の輪をひろげていく。

●目に見える成果から

助成活動を通して実際の環境に、目に見える成果を着実に積み上げていく。そのことを通して、市民、行政、企業等の基金への評価を高めていく。

●からくち（辛口）の情報

口あたりのいい話題ばかりではなく行政、市民にとって辛口の内容や言いにくい事を自由に言い合える場として。

●カタリスト（触媒）としてのニュースレター「から」

基金に関係する人々、活動のカタリスト（触媒）として機能する「函館からトラスト事務局」と情報媒体としてのニュースレターの発行（図4）。

HAKODATE

函館からトラスト

から

DEC 1999 No.18

からは函館からトラスト事務局から発行されるニュースレター。公益信託函館色彩まちづくり基金を応援し、函館のカラーに関わる情報からまちづくりに関わる情報まで、あちこちから集めて紹介します。皆様からの情報はもちろんからくちのご意見も待っています。

みんな動いてます！

第13回運営会議＆活動中間報告会

平成11年8月28日（土）、午後2時30分より、五島軒にて第13回運営委員会が開かれた。今回初の試みとして、運営委員会の中に助成団体の活動中間報告会を盛り込む形をとった。今年度助成2団体と、昨年度助成居残り1団体の代表が活動の中間報告を行った後、運営委員から意見や質問が出された。

■西部地区群居ワークショップ　代表／小澤武

昨年度助成団体の居残り組。当初、5組いた参加者が、最終的には2組になってしまい、現在は本州でのコーポラティブ住宅の事例資料を郵送するなど、どちらといえば受け身的な活動になっている。運営委員からは西部群居の理想となる「元町ライフスタイル」が、具体的に残っていないことも、本格的な話としてなかなか進まない原因の一つかもしれない、との指摘がなされた。

今後は新たな構成員の募集や、活動の宣伝を工夫して活発にしていくことが期待される。美しい町並みや昔ながらの地域ネットワークの魅力を求める、骨のあるメンバーを募集中。

■ペンキ塗りボランティア隊　代表／耶雲恵

8月28日（土）、29日（日）、2日間かけて、下見板張り長屋2軒のペンキ塗りを行った。28日の報告会の後、運営委員も作業現場へと、徒歩で見学に出でかけた。ロープウェイのカフェから見下ろす、坂の街の一角に、自前の刷毛を持参した方や、友達と参加した高校生など、今回も多くの一般ボランティアが集まった。

ペンキ塗りボランティア隊の活動は新聞やテレビ、FMいるかなどのメディアにも取り上げられ、地元での知名度も高まってきている。助成金額のupが効いて、参加者へお昼を振る舞う余裕もできた。運営委員からは、宣伝を工夫してボランティアとして色々なかたちの参加を募り、ペンキを塗るだけでなく、幅広く地元の人に関わっていってもらいたいという意見が出された。

代表からは、下見板張りの建物自体が少なくなってきていることから、今後は対象物件や対象地区の検討が必要になることが課題としてあげられた。

■湯川商店街振興組合　代表／池田石男

福祉道路整備計画の提案をテーマに、活動中。交通弱者からみた道路についてのアンケートを実施し、実際にあった「自転車がこわい」、「歩道が狭い」、「危険」などの意見をもとに、樹木桝の縮小、放置自転車の撤去、障害になる看板を移動するなど、具体的な活動へと動き出している。

「助成をもらった」ということが、何よりも仲間の意識づくりになり、活動の勢いへとつながった。湯川地区はもともと一つの村だったことや、電車の終点やバスターミナルなど交通の要所であることから、まとまったコミュニティの機動力を生かした今後の活動が期待される。

運営委員からは今後の展開として、路面電車とバスの連結で利用しやすい交通を、路上駐車を無くすには小さな使いやすい駐車場を点在させて、看板に美的センスを、住民を第一に考えた商店街づくりを、などの意見が出された。

第7回 助成活動募集開始！

公益信託函館色彩まちづくり基金では、今年も助成団体を募集する。基金スタートよりさまざまなまちづくり活動を助成してきたが、最近は応募件数が減少傾向にある。昨年は応募が2件しかなく、審査を経て、そのまま助成対象となった。意欲的なまちづくり活動を目指す団体にとっては、ある意味チャンスの時といえる。応募要綱については、裏面を参照のこと。締め切りは1月末日。問い合わせ、応募用紙の請求は、函館からトラスト事務局まで。

図4　函館からトラストのニュースレター「から」

図5　夜間景観づくりの提案

市民まちづくりを支える

一九九三年（平成五）末に助成活動がスタートして、最初の二年で計八件の市民まちづくり助成がおこなわれた。それらは例えば次のような活動であるが、函館での市民まちづくり活動の多彩さを改めて認識させるものである。

基金誕生の発端ともなった歴史的な下見板建築のペンキ塗り替え活動をはじめとして、市民の足となっている市電車両のペンキの塗り替え活動、衰退した商店街の再生へのプランづくり、市民による函館の観光施設と町並みの景観調査、奥尻地震で大きな被害を受けた歴史的建造物（函館海産商同業協同組合事務所）の修復事業、元町地区の古い住宅地での住民と一緒に地域の生活環境を考えるワークショップの開催など、様々な活動が展開されている。また室内から漏れる生活の灯りや路地に灯りを設えることによる新たな夜間景観のあり方を探る取り組みなども行われた（図５）。

さらに「函館からトラスト事務局」も自主事業として、神戸のグループとの共同での神戸の異人館地区のペンキの色彩調査を行い、アメリカから建物修復とペンキ色彩の研究者を招聘しての講演会や元町倶楽部のメンバーによるローカルＦＭ放送を

写真１　じろじろ大学

使ってのまちづくり講座「じろじろ大学」のようなものも開かれた（写真1）。いずれも助成額は一件あたり二十万円前後と少額であるが、年二回開かれる夏の中間報告会と三月におこなわれる最終報告会では、各活動団体とも非常に中身の濃い活動を発表し、出席している運営委員や事務局のメンバーを驚かせることも多い（写真2）。

従来市民のまちづくりというと、なにか切実な課題や反対運動につきうごかされ、やむにやまれず立ち上がるというタイプの活動が多かったが、まちづくり公益信託からうまれた市民の活動は市民サイドで自主的にまちづくりのテーマを設定して市民が自ら考えて楽しみながら行動する、能動的かつ非義務的な活動が特色である。能動的なまちづくり活動では、助成額はたとえ少額でもそれが呼び水となって、満足できる成果がでるところまで、自主的に活動を展開していくケースが多いのである。その呼び水と、困った時などに相談に乗ってくれる相手や情報ネットワークが用意されていることが重要なのである。市民の自主的な活動の受け皿として、財政面やノウハウ、情報提供の面からまちづくり公益信託が地域で機能する可能性がそこにある。

「まちづくり」という言葉は、地域に住む市民が中心となっ

写真２　函館からトラスト助成の最終報告会

て、行政やデベロッパーと対等な関係をもって、市民にとって暮らしやすい街の整備や開発を行っていこうという意志をこめた言葉であると思う。そういう意味では函館は「まちづくり」に独特のスタイルをもった街である。函館山の麓、西部地区と呼ばれる地域で、七〇年代から始まった歴史的環境をめぐる「まちづくり」は、お上意識、公共依存の都市開発に対し、市民の知恵とアイディア、臨機応変の動きがいかに街を面白くできるか、その実験場であったように思う。

函館からトラストの助成活動は、十年目を迎えた二〇〇三年から、西部地区の歴史的環境への危機感を背景に、基金の助成規模の拡大により新規分野を含めた市民まちづくり活動に対する支援制度の充実を図るため、基金を取り崩し、新たな展開を目指すことになった。地区の数多くの歴史的建造物が解体され、地区の人口減少（最盛期の四分の一にまで減少）と高齢化（高齢化率は約三五％）の進行や空き地・空き家の増加に歯止めがかからず、今対策を講じなければ、歴史的環境の根本が崩れていくのではないか、という状況があり、それに対して地域で元気が出せるような市民まちづくり活動への積極的な支援、規模の大きい支援をと、基金の運営を転換したのであった。助成金はそれまでの総額五十万円から百五十万円の三倍へと増加され、それに伴い、さまざまの特徴的な市民まちづくり活動が展開されるようになった。

地区の衰退する住環境への取り組みとして、函館からトラスト事務局との連携によるまちづくりの取り組みが次々に行われた。地区の町並み・住環境の点検、空き家見学会、空き家の再生を考えるワークショップ、町家群の空き家活用による町家体験ハウスの運用、町家交流サロンの開催、空き家活用相互の情報交流活動、まちづくりハウスと空き家バンクの実現化に向けての活動などであった。また、西部地区の景観形成街路沿い商店への屋外看板の提案と看板づくりの実践や空き地に住民と一緒に花を植え、花を楽しむことで地域を元気にし、町並みが以前より良い環境に変化したことを住民自らが認識し、そのことを通してまちづくりの主役が自分たちであることを再認識することを目指した「空地（からち）に花を咲かせよう」プロジェクトも行われ、これは二〇一〇年に北海道の「北のまちづくり賞」を受賞している。これらの他にも、函館の生んだ写真家の写真資料作成およびその紹介、文学マップの発行と調査研究活動、外国人居留地のリーフレットの発行と成果の市民還元活動（散策会・研究会・講演会）など、函館の歴史・文化のさらなる発掘を目指したもの、歴史的建造物での音楽コンサートやシンポジウムの開催といった歴史的建造物の活性化をめざしたものがあげられる。

公益信託函館色彩まちづくり基金は、元本を使い切った二〇一三年度をもって二十年の歴史の幕を閉じたが、数多くの特徴的な市民活動への助成を通じて、函館の市民まちづくりの発展を大きく支えた。

2　ペンキ塗りボランティア隊の誕生

ペンキ塗りボランティア隊とは

西部地区では函館市西部地区歴史的景観条例や伝統的建造物群保存地区指定を施行し、歴史的景観の保全が取り組まれている。しかし西部地区には指定建築物等以外で所有者の高齢化等により長く手入れされないまま老朽化している町家も多い。市民ボランティアの力で、ペンキが剥げ落ちたりするなど老朽化が著しく、塗り替え時期にきている下見板張り建物の外壁下見板、窓枠等にペンキ塗り、建物保全をおこなう活動が一九九〇年に始まった。こすり出しの一環として、所有者にペンキの塗り替え時期や選択理由などを住民に聞いてまわる調査を行なっていた時、港に近い地区にある加藤家住宅で、バブル期の末期に某デベロッパーから住宅の買い取りを持ちかけられ、悩んでいるという話を聞いた。加藤さんは一人ぐらしのお年寄りであったが、亡くなった連れ合いとの思い出がたくさんつまっている家と場所をできれば離れたくないようであった。売却されたら、更地にされてマンションが建てられるだろうと予測できた。なんとか元気づけようと、少し古くなった下見板のペンキ塗り替えをしようということになった。こすり出しの調査チームが何人か声をかけて集まったメンバーで足場も準備し一日かけ、外壁などを塗り直した。ペンキ塗り替えによって蘇った建物に加藤さんは喜んでくれて、この家を売ることなく住み続け、

1990年、塗り替え前の状態

1989年の「加藤家住宅」こすり出し調査

バブル末期のマンション業者の攻勢で売却寸前になる。
一人暮らしの高齢の女性は、亡きご主人との思い出深いこの建物で住み続けたい意向。

⇩

1990年9月、塗り替え後の様子。

外壁は塗り替え前の白っぽい色を踏襲してアイボリー色とし、窓枠・柱型等はこの建物が立地する港湾地区によく見られる緑系の暗緑色の2色に塗り分け、1階部分の和風意匠についてはそれらの色に調和するよう外壁塗部は白色を外壁木部はこげ茶色を選んでいる。

⇩

加藤さんを元気づけ、励ます「ペンキ塗り替えボランティア活動」を行う。

⇩

売却はとりやめ。
加藤さんは自費で屋根のペンキを塗り替え、元気に住み続けることになる。

⇩

2002年9月1日、再塗り替え後の様子。

この建物は西部臨港線沿いに建ち、函館港に近く、眼前には緑の島があるなど、すぐ近くの港・海のイメージを表現するものとして、青色系を基調とした。また1989年のこすり出し調査の結果、14のペンキ層があらわれ、過去3度にわたり青系の色が使われていたことがわかっており、青系の色は加藤家住宅にとって歴史的な色でもある。11層目の灰みの青緑色を参考にして色を決めた。窓枠・柱・胴蛇腹等は白色に塗り分けてメリハリをつけ、下屋庇・小庇は外壁にあわせてきわめて濃い青色を選んでいる。

図6　加藤家住宅の塗り替え

屋根はご自身で直し町並みも維持できたのであった（図6）。住民・市民・サポーターによる一軒の住宅のペンキ塗りはささやかな手作りの活動だが、それが集積されれば町並みの保全と再生も可能であることを実感した。

ペンキ塗り活動は一九九三年の「函館からトラスト」誕生後、基金による助成活動の目玉プロジェクトとなる。市民ボランティアの担い手は地元のまちづくり市民グループ・元町倶楽部に加え、北海道大学工学部建築工学科の学生・大学院生を中心に、その後地元の函館工業高校、函館工業高等専門学校、北海道教育大学函館校、はこだて未来大学の学生も加わり、さらには小学生も参加するなど、若者グループに大きく輪が広がっていく。二〇一一年には参加者数七十三名、二日間で延べ百二十五名を数えるまでになる。二十三年間でのペンキ塗り建物は全四十五軒、参加者数は延べ千二百二十二名になった。

具体的な活動内容は毎年、一月の函館からトラストへの助成申込（申請書の作成）に始まり、二月の運営委員会の審査による助成金の獲得決定後、四月頃の現地調査によるペンキ塗り対象町家の選定と「こすり出し」調査・「時層色環」の採集を行い、五月～七月中旬にかけてのコンピュータ・グラフィックスによる町家の色彩シミュレーションを踏まえ、建物所有者との塗り替える色を相談しながら決定する。その後、ちらしをつくり函館市内に広く、ペンキ塗りボランティアへの参加の呼びかけを行う。一方で現場作業用の足場の手配、ペンキ塗料・刷毛等の用具を手配し、準備作業を行う。

メインのペンキ塗り替え作業（写真3、4）は夏休みの週末の二日間に一気に行われるが、最後に足場が外された時、風化した外壁と街並みが、見違えるように輝く瞬間が出現する。ペンキ塗り替えの対象となる歴史的な下見板建築は、行政の外観修復への支援策の

写真３　塗り替え作業光景
エントランスの庇の持送りに深紅の色を塗り、際立たせる

写真４　塗り替え作業光景
階庇の上にのぼり、２階外壁の下見板を白色に塗っているところ

ある指定物件外の建物であり、観光とも縁のない普通の生活の舞台である。地区の過半を占めるこの普通の生活の舞台は急速に居住者の老齢化、建物の老朽化が進行している。ペンキ塗り替えボランティアの活動は地区の忘れられようとしていた建物に、若い学生たちの活動に刺激された所有者がもう一度建物への愛着を取り戻す契機も生み出した。塗り替え後、所有者が自己負担で屋根などの葺き替えを行うこともあった。ペンキの塗り替えによって町並みに影響を及ぼすには、一軒だけでなく複数のまとまったリニューアルが効果的である。予算の関係で一軒しかできない場合は、隣が塗り替え予定のある建物を選び三軒連続効果をねらったこともあった。函館の西部地区や建物所有者にとっては自ら居住する町家にとって、①歴史的な建造物や町並みの価値を再発見し、②傷んだ屋根や下見板を自前で補修したり、③建物の売却を考え直したりするなど、歴史的建造物、歴史的環境の保全再生につながった。さらには、④地区に増加している空き家の活用や再生へのきっかけづくりにもつながった。

ペンキ塗りボランティア隊の活動

ペンキ塗りボランティア隊の具体的な活動事例を紹介したい。一九九四年のペンキ塗り替えプロジェクトは函館からトラストの初めての助成事業の一つとして選ばれた記念すべきものであった。選んだ渋田家住宅は、西部地区でもほとんど見られなくなってしまったが、洋風下見板張り建物が三軒連続して並ぶ町並みにあった。この三軒の建物のうち、一軒は近年改修が行われ塗装されたものであり、もう一軒は次年度には函館市の補助を得て

写真５　三軒効果のペンキ塗り替え
ボラティア隊の対象となった渋田家住宅(一番手前の建物)
塗り替え前

写真６　三軒効果のペンキ塗り替え
塗り替え後

改修、ペンキ塗装の予定のある建物であった。その中の残りの一軒を対象とし、ペンキ塗装をおこなうことにより、「三軒効果で町並み修景が期待できる」として選んだものである[3]（写真５、６）。塗り替える色の方針として、三軒並んだ中での周囲の環境との調和はもちろんであるが、従来にない色の可能性もさぐることにした。外壁の色はこれまで西部地区にほとんど使われてこなかったもので、背景の函館山の緑に調和するものとして、黄色を選んだ。トリムカラーの窓枠と柱は、白色、こげ茶色を選び、建物にメリハリをつける装飾性の高い三色の塗り分けとした。

　一九九六年のペンキ塗り替え建物は、重要文化財・ハリストス正教会の近くにある民家二軒である[4]。オリ

写真７　ハリストス正教会近くの民家の塗り替え

ジナルの色への復元、歴史的に使われてきた色、全く新しい色の創造など数タイプの色彩シミュレーション・モデルを作成し、建物所有者と相談した。結果は、ハリストス正教会の色を参考にし、外壁を淡い緑色、窓枠・柱等を緑色、外壁塗部を白色の三色の塗り分けの色彩デザインとなった（写真７）。また、もうひとつの住宅では、近くに白色のものが多いため、すこし異なる色として外壁をクリーム色とし、窓枠・柱等は濃い緑色、小庇の小口に赤色を塗り、アクセントカラーとした。

一九九八年に選んだ建物は弥生町七番の姿見坂沿いにある「旧函館どっく㈱社宅」の切妻屋根の長屋建て三棟であった[5]。「三軒効果での町並改善」をめざし、塗り替え方針としてペンキの色彩によって建物が個性を持ち、リズム感が生まれるものを考えた。西部地区に住む子供たち約三十人に町並みの白図に色塗りをしてもらったところ、赤、青、緑、黄と色鮮やかな原色を大胆に使ったものが多かった（図７）。そのアイディアを取り入れて外壁に原色を配すること、全体の調和、リズム感をつけるため窓枠・柱等を一色に統一することにした。坂の一番上の建物は、坂を登る際に背景となる函館山の緑に映える色として黄系の色を、逆に最も海側に位置する坂の一番下の建物は、坂を下る際の海の色に調和する色として青系の色を選んだ。真ん

図7　小学生による旧函館ドック（株）社宅の塗り絵提案

写真8　旧函館ドック（株）社宅の塗り替え作業

中の建物は、青と黄に負けない個性を示す色として赤系の色とした。窓枠・柱等のトリムカラーは切妻屋根の三角形を際だたせ、黄、赤、青のどの原色にも調和する白色を選んだ（写真8）。

一九九九年も引き続き「三軒効果町並み改善」をめざして、洋風下見板張り町家が三軒建ち並んでいる元町の東本願寺別院の大きな妻壁面が通りの正面に見える元町の連続する二戸一長屋二棟を対象物件として選んだ⑹。塗り替える色の方針として、西部地区に特徴的な色彩である淡い緑色系を外壁に採用し、窓枠・柱等は濃い緑色、小庇はさらに濃い暗緑色と、緑色の濃淡、明暗のグラデーションを施し、装飾性の高い三色の塗り分けとした。もう一棟は、淡い緑色系に調和し、元町のまわりの建物とのバランスのとれた色として、外壁に淡い黄色を選んだ。窓

1999年、ペンキを塗り替える前の状況。

左側が小笠原家住宅（1934年〈昭和9〉建設）、その右隣が川又家・橋田家住宅（1934年〈昭和9〉建設）。いずれも二戸一の長屋建て。外壁等のペンキが剥離してきており、塗り替えが必要であった。

函館西部地区に特徴的な色として淡い緑色系とピンク色系の二つがある。そのうち淡い緑色系を外壁に採用した。もう一つは淡い緑色系に調和し、まわりの建物とのバランスのとれた色として、淡い黄色を選んだ。窓枠・柱型等には、外壁の色との濃淡、明暗のグラデーションや調和を考慮した色を選んだ。

1999年8月、ペンキ塗り替え作業の様子。

小笠原家住宅では外壁下見板を淡い緑色、窓枠・柱型等を濃緑色、小庇を暗緑色にし、川又家・橋田家住宅では外壁下見板を淡い黄色、窓枠・柱型等を茶色、小庇を濃い茶色の、いずれも3色の塗り分けとした。

ペンキ塗り替え後の状況。

3色の塗り分けが装飾性を強調し、塗り替え前とくらべて、見違えるほど町並みが改善された。

図8　連続する二棟の長屋の塗り替え作業

写真9　淡い緑色に濃い緑色のトリムカラーによる塗り替え

枠・柱等は茶色、小庇は濃い茶色と、装飾性を強調する3色の塗り分けとした（図8）。塗り替え作業の様子がNHKの朝のニュースで放送され、それを見た一市民が、かつて自分が住み暮らしていた建物であることを知り、昔を懐かしんでその日の午後にペンキ塗りをしている現地にやってきた、という嬉しいエピソードもあった。

二〇〇〇年は新たな試みとして塗り替え建物の公募をおこなった。ちらしを作成し、新聞社などのマスコミを通じて広報した結果、函館市内全域から八件の応募があった。このうち西部地区内、下見板張り、同じ通り沿いで近接している、ことを条件に元町地区の二棟を選定した[7]。塗り替えの方針としては、従前の配色を尊重しながらも、それにもう一色アクセントカラーを付け加える、ということで色を選んだ。一軒目の住宅では、従前の淡い緑色系が西部地区の特徴的な色であるので、それを踏襲しつつ、窓枠・柱・胴蛇腹等を濃い緑色としてメリハリをつけ、さらに軒持ち送り・飾りパネル・小庇の垂木小口等を白色のアクセントカラーとして装飾性を強調した（写真9）。二軒目の建物では、従前のクリーム色系が周辺の町並みに調和している色であったので、これも

写真 10　2003 年の塗り替え活動

そのまま外壁に踏襲し、窓枠・柱・蛇腹等を茶色に塗り分けてメリハリをつけ、さらに、軒持ち送り・飾りパネルは同様に白色とした。

二〇〇三年の塗り替え建物は、札幌の若手アーティスト・グループ「ロッパコ」が過去二度、ここを会場に展覧会をおこなうなど、空家活用の先駆事例であった[8]。また函館からトラストより助成を受けた西部町並み調査隊がまちづくりワークショップや町家交流サロンに活用することが計画されており、建物内部も塗装することにな理、これに地元の小学生達も参加してくれた。もう一件は隣接しており、連続する建物群のペンキ塗り替えは町並み改善効果が大きいと考えた。色彩計画の考え方は、建物が和風様式であるので、同じ様式の住宅をモデルとして外壁下見板・屋根等を黒色、正面外壁上部塗壁を白色の二色とした。平屋建で錆びたトタン板の屋根面が目立っていたが、ペンキ塗りの結果一新され、効果が大きかった。隣接するもう一件はコントラストを強調することで互いの色の特性を高め、また従来にない新しい色の創造をめざして、外壁をサーモンピンクのような肌色、窓枠・柱を茶色、小庇を黒色の三色とした（写真10）。

大野家所有建物（1921年〈大正10〉建設、元町）
大三坂に面して建つ。2004年当時の色彩は外壁、柱型、軒廻りなど、ピンク系の色一色であった。

色彩シミュレーション第三案
大三坂下の島家所有建物（1922年〈大正11〉建設）の配色、外壁は淡いクリーム色、窓枠・柱型等は薄灰色を用いた。

色彩シミュレーション第一案
通り（大三坂）の向かいにかつてあった歴史的建造物の函館文化服装学院（1921年〈大正10〉建設）の配色、外壁はピンク色、窓枠・柱型等は白色を用いた。最終的にこの案で決定。

色彩シミュレーション第四案
時層色環調査結果に基づき、最も古い色彩、外壁等には二階窓枠と軒蛇腹の一層目（最古）の色である灰みの茶色、軒持送りだけはその一層目の色である緑色を用いた。

色彩シミュレーション第二案
大三坂の真向かいの伝統的建造物である葛西家住宅（1921年〈大正10〉建設、現トンボロ）の配色、外壁はピンク色、窓枠・柱型等はこげ茶色を用いた。

色彩シミュレーション第五案
時層色環調査結果に基づき、最も古い色彩、外壁等には二階窓枠と軒蛇腹の一層目（最古）の色である灰みの茶色、窓枠・柱型等には軒持送りの一層目の色である緑色を用いた。

図9　数案のシミュレーション・モデル

写真 11　ペンションと２軒切妻屋根の並ぶ住宅（手前）の塗り替え

二〇〇四年は二軒の塗り替え作業を行った[9]。うち一軒は伝建地区の大三坂沿いに立地するが、伝統的建造物に指定されてから十六年間一度も修理されることなく、老朽化が進む建物を塗り替え対象とした。色彩計画では大三坂の町並みのシンボル的な建物であった旧函館文化服装学院（一九八八年に滅失）の記憶を継承することをめざして数案のシミュレーション画像を作成した（図９）。現状に近い色でもある外壁下見板を淡いピンク色、窓枠・柱・軒蛇腹・持ち送りを白色、小屋根・下屋庇を赤茶色の三色とした。

もう一軒は隣接するペンションと切妻屋根が対をなすようなデザインの住宅で、数年前からペンキ塗り替えによる大きな町並み改善効果が期待できる有力候補としてあげられていたが、建物所有者と親交のある函館からトラスト前運営委員長の全面的な協力が得られ、塗り替え対象とすることができた。塗り替えた色彩は外壁が隣のペンションの色彩である白色、屋根下妻壁は屋根の濃緑色に調和する淡い緑色、下屋庇は屋根の濃い緑色の三色とした（写真11）。

二〇〇五年は二棟の建物を選定したうちの一棟は一九九五年に一度我々が塗り替え、その後もう一度道路に面したファサードだけを塗り替えたようである。かつてこすり出し・時層色環

写真12　1953年頃の色彩に戻して塗り替えた建物

調査をおこなっており、その資料に基づいて、塗り替える色を検討した。一棟目の時層色環は外壁六層であるが、そのうち外壁三層目に濃いモスグリーン色と窓枠等三層目にクリーム色の配色があり、一九五三年年頃と想定できた。建物所有者に相談したところ、その色の組み合わせを希望するということで、歴史的な色を塗る事になった（写真12）。もう一棟は外壁の時層色環であったが、外壁一層目のピンク色と胴蛇腹一層目の白色という一九二七年（昭和二）年創建時頃のオリジナルの色を選び、塗ることになった[10]。

二〇〇六年から新たな活動展開の方向として「ペンキ塗替えでまちが変わる」というスローガンの活動をめざすことになった。数年前から西部地区の下見板張り建物が目に見えて少なくなり、新規物件の開拓が難しくなってきた。このような状況変化の中で、従来の下見板張り建物にこだわった点在する単体の建物ペンキ塗り替えから、下見板張りではない建物を含む連続する町並みのペンキ塗り替えという新たな活動展開へと方向を転換した。具体的には、函館山の山麓ではあるが、北側の港に面する元町地区に対し、反対側の津軽海峡に面した谷《や》地《ち》頭《がしら》地区を対象とすることになった。市電電停近くの谷地頭の商店街（図10）を対象に、地元の町会や商店主との連携をはかり、地域全体の将来像を描きなが

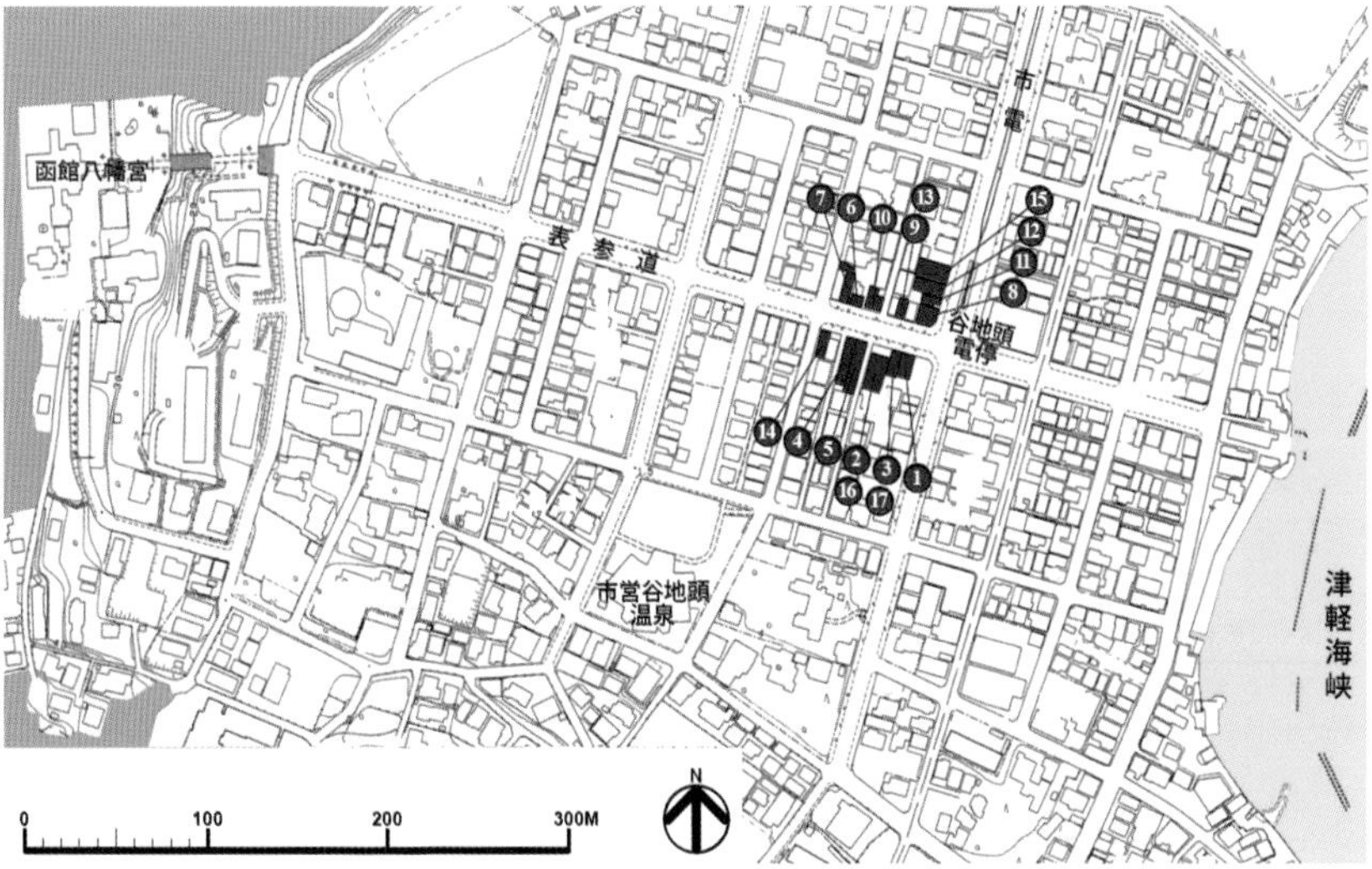

図10　谷地頭の商店街の塗り替え建物マップ（2006～2012）
数字は塗り替えの順番を示す

ら、年に二～三棟を塗り替える計画を考えた[11]。数年がかりで商店街全体を塗り替えることを念頭に、誰の目にもあきらかな都市景観の改善と商店街再生の一端を担い、「ペンキ塗替えでまちが変わる」まちづくりをめざした。町内会の役員とも相談し、初年度は、町会のシンボル的な建物である「谷地頭町会館」と、副会長がオーナーの店舗二件を対象とすることになった。商店街の建物は下見板張りではなく、モルタル塗りやサイディング張りなので、従来のように外壁に多様な色を用いると、町並みとしてのまとまりを得ることが難しいと判断した。商店街全体としての個性を表現するために建物の外壁の色を統一すること、その上で各建物が個性を発揮できるように、外壁以外の部分にシンボルとなるアクセントカラーを考えることを基本方針とした。外壁の色は商店街のメインストリートである函館八幡宮表参道とその背景の函館山の緑が最も映える色として、また冬には雪の白に同化して各建物のアクセントカラーだけが浮かびあがるよう、白系のアイボリーを選び、町会の賛同を得て決定した。アクセントカラーについては、建物ごとにシミュレーションを数案作成し、町会と協議して決定した。

谷地頭地区の活動では参加者も飛躍的に増加した。二日間で延べ百人近くに達したこともあり、町会側も休憩スペースやトイレ

谷地頭町会館

Ogura
株式会社 曲小
小倉工務店

写真 13　谷地頭の商店街の塗り替え作業（2006 ～ 2012）

北海道新聞（夕刊） 2012年（平成24年）7月24日（火曜日）

大学生らが町家のペンキ塗り

古い町並み後世に

函館・西部地区 最後の奉仕に汗

協力しながら谷地頭町会館の壁にペンキを塗る学生ら

函館・西部地区の町家のペンキの塗り替えをするボランティア活動が21、22の両日、谷地頭町地区で、北大や道教大函館校など札幌と函館の学生ら66人が参加して行われた。1994年から続いてきた取り組みだが、一定の成果が残せたとして、今年が最後となった。

活動は北大大学院工学研究院の森下満助教が顧問を務め、ペンキ塗りを通して、老朽化が進む町を元気づけ、住民が自分たちの暮らす町を見つめ直すきっかけにと始まった。

当初は、元町方面の古い板張りの建物を塗っていたが、2006年からは谷地頭町商店街を手がけ、商店街の建物の塗り替えがほぼ終了。「函館色彩まちづくり基金」からの助成が来年で終了することから、今年を最後とすることにした。

今回は06年に塗った谷地頭町会館と07年の新山家住宅の2棟を再び扱い、学生らは足場に気をつけながら、塗り残しのないように丁寧にペンキを塗っていった。

森下助教は「元町方面では、古い町並みを後世に伝えるという役割の一端を担えた。谷地頭では商店街の人も積極的に協力してくれ、町並みの景観に関心を持ってもらうきっかけになったのでは」と成果を話していた。

（内田晶子）

図11　ペンキ塗りボランティア隊としての最後の活動に関する新聞記事
―北海道新聞 2012年7月24日（火曜日）付けの夕刊

町家ペンキ塗り替えボランティア活動　2001年　in HAKODATE　No.10

■ 2001年9月8日（土）、9日（日）■

before

after

←左
（19）瀬戸家住宅：1950(昭和25)年頃、青柳町15-15
【塗り替えの配色】外壁下見板：淡い黄色、窓枠・柱・小庇等：こげ茶色、軒蛇腹・軒天井：白色の3色

右→
（20）NPO法人ファミリーサポーターさわやか事務所：1934(昭和9)年、栄町9-6
【塗り替えの配色】外壁下見板：ピンク色、窓枠・柱・小庇等：茶色、軒蛇腹・軒天井等：白色、玄関庇の肘木等：赤色の4色

●塗り替え対象物件の選定理由：昨年公募のあった建物のうち、有力候補であったが選定優先基準に該当しなかったため惜しくも対象外とした、青柳町の瀬戸家住宅をまず1件目に選んだ。また、今回の函館からトラストの助成に際して、自分の事務所のペンキ塗り替えをおこなうという活動で応募したNPOがあったが、我々と類似のテーマであったため、我々は選ばれたが彼のNPOは選ばれなかった。その後、からトラスト事務局より、我々と彼のNPOが協力しあって活動を進めるよう助言があったので、そのNPOの事務所である、栄町の「NPO法人ファミリーサポーターさわやか事務所」を2件目に選んだ。

●塗り替える色の方針：瀬戸家住宅は、道路が交錯する敷地の角という特徴的な場所にあり、外壁の淡い黄色と植栽の緑がシンボル的な意味合いをもちながら、背景の函館山や周囲の町並みとよく調和していたので、現状の淡い黄色を外壁の基調色とし、窓枠・柱・小庇等をこげ茶色の落ち着いた配色とし、軒蛇腹・軒天井を白色の3色に塗り分けることにした。NPO法人ファミリーサポーターさわやか事務所は、従前の色が西部地区の特徴的な色の一つである淡いピンク色であったので、これを尊重し、外壁の基調色とし、窓枠・柱・小庇等を茶色、軒蛇腹・軒天井等を白色の3色に塗り分け、さらに立派な玄関庇の肘木等を形態的にも色彩的にもアクセントになるものとして赤色に塗ることとした。

【参加者】ペンキ塗りボランティア隊代表・藤松徹治、西山健一、渡辺昌代（以上北海道大学大学院工学研究科住環境計画学分野・修士課程1年）、孔　桂英、田中　宏、山下義行（以上北海道大学大学院工学研究科住環境計画学分野・修士課程2年）、菊島圭司、吉村有人（以上北海道大学工学部建築都市学科住環境計画学分野・4年）、森下　満（北海道大学大学院工学研究科住環境計画学分野・助手）、菊地憲一、菊地亮二、木村友美、小杉靖弘、斎藤高浩、佐々木智之、杉田　愛、田山隆太、中村伸二、香山直樹（以上函館工業高等専門学校・学生）、釜澤憲吉（函館工業高等専門学校・教授）、伊藤麻季、今津崇之、加賀谷龍太、加藤　卓、野場和宏、松谷佳奈（以上函館工業高校・3年）、井上明菜、佐藤貴尚、澤田麻衣、橋本満嗣、夢仁内宏美（以上北海道教育大学函館校・1年）、太田誠一（元町倶楽部）、廉有峰（函館からトラスト事務局）、中村幸子（小倉工務店）、落合大亮、小野江佐恵子、片谷泰子（以上一般参加）、以上37名

【協力者】瀬戸（建物所有者、昼食の差し入れ）、NPO法人ファミリーサポーターさわやか（建物所有者、飲み物の差し入れ）、函館工業高校建築科教諭・吉村冨士夫（函館工業高校生のボランティア手配）、釜澤憲吉（函館高専学生のボランティア手配、女子学生の宿泊受け入れ）、㈱小倉工務店（足場の手配）、日本ペイント販売北海道㈱・米沢猛夫（ペンキ塗料の手配）、廉有峰＋河内晶子（足場の交渉、ハケ等ペンキ用具の保管、軽トラック）、太田誠一（所有者との色の相談・決定、男子学生の宿泊受け入れ）、元町倶楽部・山本真也（北海道教育大学函館校学生のボランティア手配）

※以上敬称略

before

after

図12　最終活動報告会に毎年提出された活動報告・概要版（2001年度）

の提供、差し入れなど様々なサポートをおこなってくれた。谷地頭の「ペンキ塗替えでまちが変わる」プロジェクトは基金が終了する二〇一二年まで七年間続き、全部で17軒の建物を塗り替えることができた(写真13)。商店街との協働、多くのボランティアの参加による取り組みで、色彩によるまちづくりとして大きな成果をあげることになった。

経験としてのペンキ塗りボランティア隊

八月にペンキ塗り替えを終えた学生達の作業は十月以降も続き、活動報告書の作成、翌年の二月の最終報告会での運営委員及び市民に向けてのプレゼンテーションと、毎年の活動は一年近くに渡り多岐におよぶものである。学生達にとって町家の外観調査から始まり、所有者へヒヤリング、直接建物の細部まで触れてのペンキ塗り作業は、歴史的建造物の意匠、構造、さらには歴史的町並みの特性、価値を理解する上で、大変有益でかつユニークな学習形態であること、町家所有者のペンキ色彩に込められた強い思いや愛着を理解し、町並みの意味を実体験するなど、函館市西部地区の環境での特徴的な教育効果があげられる。

町家ペンキ塗り替えボランティア活動　2006年　in HAKODATE・谷地頭町商店街-1　No.16

before

after

■　2006年7月29日（土）、7月30日（日）■

←左
（1）市中屋餅店：谷地頭町26-11（通しNo.29）
【塗り替えの配色】外壁モルタルの基調色：アイボリー色、
アクセント・カラー：赤茶系の色、の2色

右→
（2）谷地頭町会館：谷地頭町26-10（通しNo.30）
【塗り替えの配色】外壁サイディングの基調色：アイボリー色、
アクセント・カラー：青系の色、の2色

●新たな活動展開の方向－「ペンキ塗替えでまちが変わる」：数年前から西部地区の下見板張り建物が目に見えて少なくなり、新規物件の開拓が難しくなってきた。このような状況変化の中で、従来の下見板張り建物にこだわった点在する単体の建物ペンキ塗り替えから、下見板張りではないものを含む、建物が連続する"町並み"のペンキ塗り替えという新たな活動展開へと方向を転換する。具体的には、地域の商店街である谷地頭商店街を対象とし、地元の町会や商店主との連携をはかり、地域全体の将来像を描きながら、年に2～3棟を塗り替える計画である。参加者の飛躍的な増加を基盤とし、数年がかりで商店街全体を塗り替えることをとおして、誰の目にもあきらかな都市景観の改善と、ペンキ色彩による商店街再生の一端を担い、「ペンキ塗替えでまちが変わる」ことをめざすものである。

●塗り替え対象物件の選定理由：元町倶楽部の山本真也氏をとおして、谷地頭町会に商店街全体の町並みのペンキ塗り替えの働きかけをおこなった。谷地頭町会の会長・岡嶋一夫氏、副会長・市中益雄氏をはじめ、町会全体として賛同の意が表された。谷地頭町会の総意として、初年度の今年は、町会のシンボル的な建物である「谷地頭町会館」と、副会長がオーナーの店舗「市中屋餅店」の2件を対象としてほしいとの要望があった。

●塗り替える色の方針と検討：下見板張りの建物がほとんどなく、モルタル塗りやサイディング張りの建物が多いので、従来のように、外壁に多様な色を用いると、町並みとしてのまとまりを得ることが難しいと判断し、商店街全体のまとまりを表現するために建物の外壁の色を統一すること、その上で、各建物が個性を発揮するものとして、外壁以外の部分にシンボルとなるようなアクセントカラーを考えること、の2点を基本方針とした。外壁の色は、商店街のメインストリート・表参道の背景の函館山の緑が最も映える色として、また冬には雪の白に同化して各建物のアクセントカラーだけが浮かびあがるよう、白系のアイボリーを選び、町会の賛同を得て決定した。アクセントカラーは、CGシミュレーションを数案作成し、町会と協議して決定した。谷地頭町会館では、1階部分に大きな門構えのように張り出している、現在薄い青色に塗られているところと、2階壁面の折れ曲がっている、縦に細長い2箇所をアクセントカラーにする部分とし、①外壁のアイボリーに調和する、落ち着いた灰系の色、②1階のタイルの色をとりいれた、紺系の色、③周辺の山の緑に調和する、黄系の色、④周辺の山の緑をとりいれた、緑系の色、⑤西部地区によく見られる、ピンク系の色、の5案を作成した。市中屋餅店では、正面の1階と2階を分けている看板が設置されている部分、側面の縦に長い煙突と玄関の小庇のところをアクセントカラーにする部分と、①現状の外壁の色をそのままとりいれて、茶系の色、②現在の色を少し明るくした、赤茶系の色、③西部地区によく見られる、パステル調のピンク系の色、の3案を作成した。町会と協議した結果、市中屋餅店は②に決定したが、谷地頭町会館は決定にはいたらず、②の紺系の色をベースに、より明るい色に、青色に近い4段階の案を作成し、さらなる検討を加え、右の写真のような青灰色に決定した。

【参加者】ペンキ塗りボランティア隊代表・小野めぐみ、佐藤大樹、芝井健一（以上、北海道大学大学院工学研究科建築計画学研究室・修士課程1年）、兼城尚司、金　貞姫、殿井　直、中村征之、花木達郎（同・修士課程2年）、計　文浩（同・博士課程2年）、森下　満（同・助手）、滝下ひかり、高橋優衣、諸岡佳苗、鶴谷実希、逢坂卓暗（以上、函館工業高校・生徒）、川村小百合、三河麻奈未、近藤紘司、鈴木達郎（以上、函館工業高等専門学校・学生）、青柳雅也、鳴海由紀、浜　愛乃、斉藤　誠、須々田拓真、川又貴幸、佐々木恵理奈、大槻由紀子、阿部真季、金野亜季（以上、北海道教育大学函館校・まちワーク研究室・学生）、上田勝太郎、遠田綾香、大額拓也、岡本隼宗、小笠原健介、長船綾乃、貝崎あかり、加藤耕平、北村久美子、木村麻衣、工藤裕太、栗田謙二、小林愛子、斎藤　希、酒井　文、佐々木佳和子、佐野文香、下田和佳子、杉岡竜馬、鈴木進太郎、鈴木達也、関川初音、高橋沙織、辻　翔大、中嶋洋之、中野里南、長尾　愛、早坂美香、東谷理沙、三神和也、三沢良太、水堀　優、森　香奈枝、山沢　遥、吉田今日子、時田よしの、（以上、北海道教育大学函館校・根本&山本ゼミ・学生）、根本直樹（北海道教育大学函館校・助教授）、東峰安男（一般市民）、中村幸子（小倉工務店）、山本真也（函館市役所&元町倶楽部）、陳　有崎（函館からトラスト事務局）、岡本浩一（㈱ホルス・北海道大学OB）、以上71名（2日間延べ99名）

【協力者】谷地頭町会（谷地頭町会館の休憩スペース、トイレの提供）、市中屋餅店・市中益雄（お菓子の差し入れ）、㈱小倉工務店（足場の手配、ヘルメットの提供）、建装工業㈱札幌営業所・米沢猛夫（ペンキ塗料の手配）、函館工業高校建築科教諭・吉村冨士夫（函館工業高校生のボランティア手配）、函館工業高等専門学校教授・韮澤憲吉（函館工業高等専門学校生のボランティア手配、女子学生の宿泊）、北海道教育大学函館校助教授・根本直樹（北海道教育大学函館校学生のボランティア手配）、元町倶楽部・山本真也（谷地頭町会との諸々の交渉、北海道教育大学函館校学生のボランティア手配）、函館からトラスト事務局・陳有崎+河内昌子（足場の交渉、ハケ等ペンキ用具の保管、宿泊先&貸し布団の手配、当日の弁当の手配）

※以上敬称略

before

after

図13　最終活動報告会に毎年提出された活動報告・概要版（2006年度）

とくにペンキ塗りボランティア隊の代表と副代表（当該年度の北海道大学大学院修士一年生が務めた）は、一年間におよぶ一連の多岐にわたる活動を通じて、①企画案を実現するために必要な諸事の手配、交渉、②大勢の参加者をまとめ上げるリーダーシップ、③プレゼンテーション、④他校の学生達や地元の市民グループとのコミュニケーション、等々社会的活動を行う上で必要な能力を身につけるトレーニングになり、大きな教育効果があったように思う。参加した学生には理系の建築分野の学生達だけではなく、文系の学生も多数参加が見られたことは、ペンキ塗りが日曜大工的な活動で、専門性を必要とせず、楽しそうで誰もが容易にかつ気軽に参加できることから、学生達の参加を誘発する効果の高いプログラムであったことを示している。

ペンキ塗りボランティア隊の活動は塗り替えの前後で、建物や町並みが著しく変化し、誰の目にも明らかなように町並みが美しく改善されるという充実感、達成感を参加者が実体験として経験できるものであった。さらにペンキ塗り替え活動が商店街や町会の人たちとの交流や喜び、生きがいにも繋がるという実感、まちづくりに参画できたという思いも、参加した多くの学生達に付与したものであった。

6章　街をとりもどす町並み色彩ムーブメント

1 サンフランシスコ ― ペインテッド・レイディズの町並み

一九七八年エリザベス・ポマーグとマイケル・ラーセンはサンフランシスコの絵葉書の代名詞ともなっている、鮮やかな色彩で装飾的に塗られたヴィクトリアン・ハウスの町並みを「ペインテッド・レイディズ[1]：Painted Ladies」と名づけた。

サンフランシスコはスペインの植民都市としてはじまり一八四八年に人口二百人ほどの小さな開拓地だった。アメリカ・メキシコ戦争後の条約によりアメリカ領土となり、サクラメント周辺で発見された金によりその歴史が変わる。ゴールドラッシュがはじまり、アメリカ西部開拓が一気にロッキー山脈を飛び越えカリフォルニアに移り多くの人が押し寄せる。カリフォルニアがアメリカ合衆国三十一番目の州となり、天然の良港をもつサンフランシスコはその開拓拠点として一八五二年、人口三万六千人の新興都市に成長する。ゴールドラッシュで成功した企業家たちが、財を元に事業を展開し、一八五二年のウェルズ・ファーゴが、一八六四年のカリフォルニア銀行などその後アメリカを代表する金融機関が設立される。また同じ頃リーヴァイ・ストラウスが衣類の事業を、ドミンゴ・ギラーデリーはチョコレート製造業を始め、また中国人の鉄道労働者によってチャイナタウンが生まれるなど様々な移民労働者の存在により、街には多様な文化が入り交じり成長していく。一八七三年（明治六）に坂の街として有名なケーブルカーが敷かれ、クレイ・ストリートの急な坂を上るようになった。街区割された通り沿いには間口二十五フィート（七・六m）、奥行百二十五フィート（三十八m）のロングロットの敷地に、三階建ての縦長のプロポーションでベイウィンドウをもつロウハウスやタウンハウス、マンション（邸宅）のヴィクトリアン様式の住宅が建ち並んだ。ヴィクトリアン・ハウスとは一九世紀後半、イギリスのヴィクトリア女王の在位期間に世界に伝播した建築のスタイルで、自由で華やかな意匠でさまざまな様式があるが、特にサンフランシスコではイタリアネイト（一八七〇年代）、スティック（一八八〇年代）、クィーンアン（一八九〇年代）の三つの様式[2]が主であった。カリフォルニアの強い日差しや霧などに適した材料として、耐久性、強度、経済性、扱いやすさの点で北カリフォルニア産のレッドウッド（アメリカスギ）が用いられた。外部の下見板や窓に二、三色をつかったカラースキームで塗られた。

しかし、その発展も一九〇六（明治三九）年四月十八日、サンフランシスコ市内及びカリフォルニア北部を襲ったM七・八の地震[3]により大被害をうける。市内の建物は倒壊し、破裂したガス管が引火して火災が発生し、数日間にわたって街中を焼き尽くした。市街地の四分の三以上が灰燼に帰し、ダウンタウンの中心部はほとんど焼けてしまう。当時の市の人口四十万人のうち半数以上が住む家を失った。避難者は、しばらくの間、ゴールデン・ゲート・パークや、海岸などに設けられた間に合わせのテント村で生活した。また、対岸のイーストベイまで移住した人も多い。その後、復興が急ピッチで進んだ。サンフランシスコ市庁舎は、見事なボザール様式で再建され、一九一五年（大正四）のサンフランシスコ万国博覧会[4]でその復興が祝われた。住宅群もまた再建され、タウンハウスが建てられていった。

サンフランシスコでの住宅の外壁に塗られたペンキの色彩を外観すると入植の当初は、

その多くがニューイングランドから移入されたもので、色彩は全体が白で雨戸が緑色に塗られた。その後、白やグレーの色は塗られなくなり、ヴィクトリアン様式の進展とともにその時代で入手できる最も鮮やかな色を二、三色あるいは数色で塗り分けようになる。塗装職人たちが、一階、二階、トリム、屋根等、建物の部位毎に塗り分けし、華やかな様式を飾るようになった。

大地震は建物の色彩面でも大きな転換となった。大地震の後の二度にわたる世界大戦中や戦後まもなくは海軍の余剰ペンキが建物に使われ、単調な灰色（バトルシップグレー）にヴィクトリアン・ハウスが塗られた。また下見板にかわる他の材料が外壁に使われるようになり、地震に生き延びた建物もこれらで覆われてしまい、その意匠的な特質が多く失われる。特に一九二〇年代は安価なスタッコ、一九五〇年代には耐火性にすぐれメンテナンス費用のかからないアスベストシングルが幅をきかし、折しもコロニアルリヴァイバルの流行と相まってサンフランシスコの景観とは合わないように思われる白系の色彩が流行するようになる。

ヴィクトリアン再生への胎動が現れるのは一九六〇年代である。この時代のキーワードであるヒッピー、サイケデリックなどの社会運動のうねりと連動して生まれた。例えば、ウェスタン・アディション地区で、多色に塗り替えられた住宅は「サイケデリック・ハウス」あるいは「ヒッピーハウス」と呼ばれた。

再生の主体は建物所有者とペインター達である。ペインターは塗装屋さんだが、日本でのイメージとはだいぶ異なる。彼らは住宅にペンキを塗ることが仕事だが、自己表現の一手段として捉え、色彩デザインも行っており、カラーアーチストである。そのひとりであ

写真１　ペインテッド・レイディズの建物１
クイーンアン様式の大邸宅（1890 年〈明治 23〉建設）

写真2　ペインテッド・レイディズの建物2
スティック - イタリアネイト様式の塔屋をもつヴィラ（1882 年〈明治 15〉建設）

写真３　サンフランシスコでの「こすりだし」
作業する筆者とカラーリストのブルース・ネルソン

るブッチ・カーダム[5]は一九六三年、自分の歴史的様式の住居を強烈な青と緑の二色で塗り替えた。賛否両論あったが、インパクトは大きく、これがきっかけで回りの人たちも建物の塗り替えをはじめる。「きれいだ、面白い」「自分もやってみたい」、自分の建物をカラフルに塗り替えすることで、活気のなくなったダウンタウンを元気づけるムーブメントになるのなら、自分も参加してみたいという気運が生まれた。木造住宅は外壁保護のため、数年〜十年単位でペンキの塗り替えが必要である。塗り替え時期がめぐってきた建物の持ち主が自分の家をカラフルに塗り替えることを始めたのである。この色の塗りかえムーブメントが伝播して、結果、街区全体が塗り替えられることになった。住宅の外壁にペンキを塗り、装飾的に仕立てあげたことが、古いヴィクトリアン・ハウスを愛し、生活し、それを保全する運動へと人びとのこころを奮いたたせたのである。一九七〇年代までに続々とカラーリストがあらわれ、古いヴィクトリアン・ハウスに新しい息吹が色彩ムーブメントというかたちで次々と吹き込まれていった。カラーリストムーブメントという。運動の波及効果は多大なものがあった。

一九九〇年、我々は「こすりだし出し」調査にサンフランシスコを訪れたが、その時対応してくれたのがカラーリストのブルース・ネルソンである。その時の調査では最初に、彼が塗り替えカラース

写真４　ペインテッド・レイディズの町並み１
ヴィクトリアン様式の２棟がクリームと淡い緑の壁、細部の装飾的ペインティングで彩られている

キームのデザインから工事まで行ったヴィクトリアン・ハウスを訪ねた。レッド・ヴィクトリアンというB&Bで、その名の通り赤色を基調とし、トリムカラーなどが多色で華やかに飾られていた。塗り替え前は全体が単色で塗られていたというが、塗り替えたカラースキームはオリジナルに復元したのでなく、新たにデザインしたものだ。次に彼が塗り替え工事を請け負っていた建物（一八八六年〈明治一九〉頃に建てられたヴィクトリアン・ハウスで、「こすりだし」調査を行うことができた（写真３）。外壁からは十四層、玄関扉枠からは十一層の「時層色環」が現れた。サンフランシスコでは塗り替えのインターバルは十年ほどと言われるから、「時層色環」の数は妥当なものであったが、各層から多様な色相が現れた。過去、様々色に塗り替えられてきたことは函館に近いものがあった。しかし「時層色環」から現れたグレー、緑、茶、クリームの色調は函館ではほとんど見られないシックでいて華やかなものであった。アイボリーやクリームなどの明るい色にしても、日本でよく使われるパステルカラーのそれとは全然違う、もっと重たい、感じの色である。

写真５　ペインテッド・レイディズの町並み２
アラモ公園沿いのロウハウスの町並みとダウンタウンの高層ビル群

古いヴィクトリアン・ハウスで一九七六年までに復元的な修理の施されたものは五百棟ほどであったが、その後の十年間で飛躍的に増える。建物が人気を得て、資産価値も高まる。七〇年代末には毎年三十五％ずつ値上がりした。現在、サンフランシスコの住宅価格は全米一高いと言われるが、その中でも美しくペイントされたヴィクトリアン・ハウスは、今も最も人気の高い物件となっている。現在のヴィクトリアン・ハウスの色彩は七〇年代のサイケデリックスタイルは温和しくなり、周辺との調和もはかられているが、やはりペインテッド・レイディズの存在感は保っている。過去の優れた遺産を参照しつつも、現代に相応しい方法でより洗練された芸術的表現になっているのだ。サンフランシスコの代表的な絵葉書に、アラモ公園の芝生を前景に切妻屋根のクィーン・アン様式の六軒のカラフルなロウハウスが並び、遠くにダウンタウンの高層ビルのスカイラインが澄み切った青空に映えている景観のものがある（写真５）。ペインテッド・レイディズの町並みがサンフランシスコのシンボル的な景観となっているのである。

2　セントジョンズ―ジェリービーン菓子のような町並み

北米で最も東にあるニューファンドランド島の、その東端にセントジョンズ市は位置する。かつては鱈漁の港として知られたが、現在市の代名詞は「ジェリービーンロウ:Jellybean Row」である。「砂糖でコーティングされた空豆型のカラフルなジェリー菓子のような長屋」の街と呼ばれ、北米で最もカラフルな町並みをもつ都市なのだ。

セントジョンズはその位置から北米大陸では最もヨーロッパに近く、一五一九年のポルトガルの地図に「サン・ジョアン」と記されるなど古くから知られていた。グランドバンクをのぞむ好漁場のニューファンドランド島は漁労時期にはキャンプが営まれ、大航海時代の船の保存食となった干鱈の産地となる。一五八三年にはイギリスの探検家が到達し、領有が宣言される。一六三〇年代にはセントジョンズへの移住入植も進み、漁業、交易の拠点として波止場、魚店と倉庫が建設され、波止場に近いウォーター・ストリートは北米で最も古い商業的な街路となる。一八世紀にはニューファンドランドをめぐるイギリスとフランスの覇権争いが長く続き、英国のニューファンドランド殖民地の行政府が置かれたセントジョンズはその主戦場となり、当時の要塞跡が今も残る。一七九九年のナポレオン戦争の勃発以降、塩付け鱈の需要が急増し、アイルランド漁民の移住が増え、一八一五年には人口一万人に達する。一九世紀を通じてセントジョンズは水産業、英国海軍の駐屯地、ニューファンドランド自治領の首都や商業の中心地として発展していく。ダウンタウンの坂の上から、町並みと港を一望して見渡した写真[6]がある。港の船などから一九世紀後半頃かと思われるが、住居である三階建てマンサード屋根にドーマー窓のついたセカンドエンパイア様式のロウハウスや切り妻屋根の下見板張りの住宅が並び、レンガ造や木造の壮観なダウンタウンの町並みである。一八八八年（明治二一）、セントジョンズで最初の議会選挙が行われるが、その時の人口は三万人である。一九〇〇年（明治三三）にはウォーター・ストリートに市電が走り、セントジョンズは繁栄の時代を謳歌する。一九二一年（大正一〇）、セントジョンズは市制が敷かれる。第二次大戦後、一九四九年にニューファンドランド島のカナダ領編入とともにニューファンドランド州の州都となる。ニューファンドランドメモリアルユニバーシティとして総合大学もスタートする。しかし主産業である漁業がグランドバンクスでの乱獲による鱈資源激減により、試練の時代を迎える。現在は海底油田・ガス田関連産業の立地や州都として島の中心地としての地位、観光業の進行により、経済的には上昇の動きも見えてきている。

セントジョンズのダウンタウンの木造建物群の町並みは潮風にあたる建物保護のため、一九世紀には外壁の塗装が始まっていたが、その色彩には伝統的には酸化鉄の塗料であるレッドオーカー[7]（赤褐色）や濃い緑色などが主に使われていた。また長く暖房等の燃料に石炭を使っていたので、町並みはすすけており、色彩が鮮やかという印象はなかったと言われる。一方霧の日が多いセントジョンズでは、長く海に出ていた漁師や水夫が港に帰ってきた時、丘の上の立ち並ぶ町並みから我が家を見つけやすくするため、外壁を目立つ色に塗装したという伝説もあり、函館の西部地区でも同様で興味ぶかい。また住宅のペンキ塗装に港の漁船やボートに塗っていた塗料が使われていた時期があると言われ、これも函

写真6 1960年代のセントジョンズの町並み
“Boys Wrestling” - 1969. Photo by Fred Herzog (via equinoxgallery.com/artists/fred-h)
Old St.Johns@Old_St.Johns Historic Photos of St. John's, Newfoundland より

館でも同様である。

ペンキ塗料の技術は第二次世界大戦後、油性塗料が主であったものから合成樹脂塗料（アクリル塗料）が誕生し、発色と定着の良さからパステルカラーなどの明るい色彩も可能になるようなる。しかし、そういうブライトカラーがセントジョンズの町並みに塗られ始めるのは、もうすこし時間を要する。セントジョンズの一九六〇年代のダウンタウンの住宅の町並みのカラー写真（写真6）が残っている。ロウハウスが一戸毎に異なる色に塗られているが、その色彩はレッドオーカー（赤褐色）や濃い緑、水色などで、下見板とトリムカラーも同一の単色で塗られている。建物群の手入れが十分でなく傷みもあり、何処と無く寂しげな感じのする町並みである。一九七〇年代、当時のセントジョンズの都市状況はと言うと、主産業である漁業の不振に加え五〇年代、六〇年代の郊外への住民の移動で、ダウンタウンは魅力を失い、一九世紀から続くセントジョンズが誇る伝統的な町並みは存亡が問われる状況にあった。有効な保存の手立てがなく、放置され失われようとした時期に、町並み保存のためのＮＰＯの活動[8]が開始する。七〇年代に入るとニューファンドランド・アンド・ラブラドール遺産財団[9]が町並み保全の本格的活動をスタートする。筆者らが小樽運河保存運動に係わりはじめた時期であり、同時代的な息吹を感じる。一九七八年から財団がダウンタウン再生プロジェクトをスタートした

写真７ ジェリービーンロウと言われる現在のセントジョンズの町並み
Google マップ ストリートビューの画像

ことが、セントジョンでの歴史的環境再生の転機となる。財団は三年間でダウンタウンの二十八の建物（空き家）を取得、リストアし、ユーザーに分譲するプロジェクトを行う[10]。建物のリストアでは内部、外部の修復に加え、サンフランシスコの「ペインテッド・レイディズ」などのムーブメントに触発され、外壁の塗り替えも行われた。その時二十八棟の歴史的なロウハウスにどのような外壁の色が塗られたのか詳細にはわからないが、図1の二十八棟の建物分布から現在の状況は確認することができる。セントジョンズのダウンタウンのロウハウスは伝統的には濃い色（オーカーや濃い緑や青）で塗られていたので、この時の修復でも下見板の色は濃い色が使われた。しかし大きな違いは建物を単一の色彩で塗るのではなく、窓や玄関周り、隅柱、同蛇腹などのトリムカラーに白などの明るい色を使い、建物にメリハリをつけて塗り変えられたことであった。このプロジェクト、特に外観の塗り替え改修が、地域の住民に大きなインパクトを与える。下見板張の木造建物、特にセントジョンズのような海岸沿いで気候も厳しいところでは定期的に外壁のペンキの塗り替えが必要だ。自分の家の塗り替え時に、この財団の取り組みに影響を受けて、下見板とトリムカラーにメリハリをつけて塗り替えを行うことが流行し始める。塗り替えを行うことで町並みが明るくなり、街が活性化していくまちづくりが一気に拡がっていくことになったのだ。

写真８　主にトラディショナル・パレットカラーによる色彩の町並み
Google マップ ストリートビューの画像

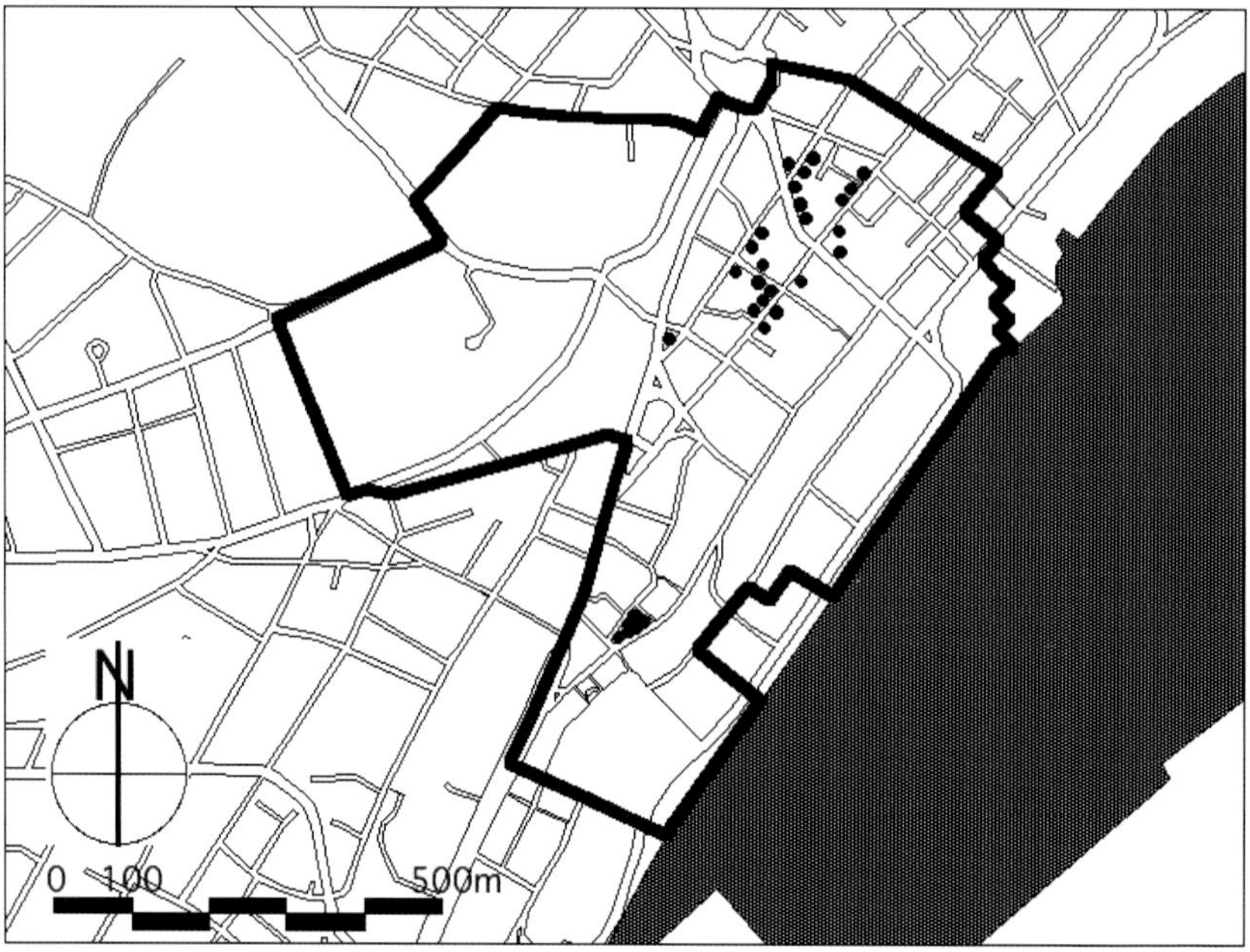

図１　セントジョンズの中心部の歴史地区エリア（黒枠内）と 28 の再生建物

写真９　主にジェリービーン・パレットカラーによる色彩の町並み
Googleマップ ストリートビューの画像

ダウンタウンの歴史的ロウハウスの塗り替えでは伝統的カラーで下見板が濃い目の色のこげ茶、茶、臙脂《えんじ》、灰色、緑、深緑、紺色などでトリムは白でアクセントをつける。一方で、空き地に新築のロウハウスでは、下見色に黄色や水色、菫色、萌黄色などの明るい色を使いトリム同じくは白でアクセントをつけるタイプが生まれてくる。この塗り替え時のペンキ色彩を決める時に、力になったのが地元の塗装会社テンプルトンズだ。テンプルトンズ[11]は一九世紀の中頃にセントジョンズに生まれた建材会社で塗料店としても地域にあった優れた製品をつくっていたが、二〇〇二年にはニューファンドランド・アンド・ラブラドール遺産財団とコラボレーションして、特にセントジョンズ地域専用のカラーパッレット（図２）を作りだした。セントジョンズの歴史地区での塗り替え時の色彩選択のガイドラインはない。カラーパッレットが手がかりで、パレットから住民が好みの色を選択し、建物に塗るのである。カラーパッレットは、トラデショナル・パレットとジェリービーン・パレットの二タイプあって、トラデショナル・パレットは歴史地区の伝統色用のもので、もうひとつがダウンタウンでのインフィル型の新築住宅プロジェクト用に開発されたもので、ジェリービーン・パレットである。トラデショ

図2　ジェリービーンパレットとトラディショナルパレット
地元の塗料会社 Templeton Trading Inc の製品 Matchless Paint で開発された Historic Colour Paint “Jelly Bean Palette, Traditional Palette” より

写真10　トラデショナル・パレットとジェリービーンパレットの混ざる町並み
Googleマップ ストリートビューの画像

ナル・パレットはニューイングランド地方での歴史地区のカラーパッレットをベースに、ニューファンドランド島の美しい景色と言葉から見つかる色とトーンをヒントに独自のものが生み出された。カラーパッレットづくりに係わったララ・メイナード（遺産財団の地域活動支援職員）は、トラディショナル・パレットの色にこった名前をつけた。「角のムール貝[12]」（深緑青）、「浜辺の入り江[13]」（薄緑）「団栗の茶[14]」のような名前がつけられたのだ。ジェリービーンロウ用は黄色、オレンジ、オーキッド（洋蘭：明るい紫）、アクア（水色）、バーノン（緑）、赤の六色である。

セントジョンズのダウンタウンの現在の町並みはロウハウスが一軒毎、白の縁取りで飾られながら青、臙脂、黄色、緑、紫などの鮮やかな色彩が連続し、一瞬おとぎ話の世界に紛れ込んだかのような印象をもつ。この町並みの効果は、観光面で大きな影響を及ぼした。セントジョンズの観光は従来一八世紀の歴史遺産を巡るツアーや船でのホエールウオッチングなどであったが、ジェリービーンロウの誕生後、都市観光と関連する海の資源での食が大きな注目を集め、地域の産業を牽引するひとつとなった。

出発点となった財団の取り組みは、地域のまちづくり展開に新しい目標と住民にモチベーションを付与したことで「課題発見型イベント」と言いうる。「課題発見型イベント[15]」とは、「地域の現状と問題に危機感を抱いた人達が自力で自らも楽しむという精神のもと地域の重要な場所で、地域づくりの実験イベントを開催する。その成果が大きな反響を呼び、影響を受けた住民が地域課題を再認識し、地域づくりへの参加者・当事者に成長していくもの」と定義づけ、我々が函館での色彩まちづくりなど、地域づくりが始動する時の重要な概念と考えているものである。セントジョンズでの財団の取り組みを見て、住民が「面白い」「自分もやってみたい」と賛同し、自分の家の外壁の塗り替えることが流行し始める。それが次第に「自分の建物をカラフルに塗り替える」ことは自分の楽しみでもあるが「活気の失われたダウンタウンを元気づける」地域課題への答にもつながるものだということに住民が気づき始め、「ムーブメントになるのなら自分も参加してみたい」とさらに多くの住民が参加し、まちづくりの担い手・当事者になっていったものと言えよう。

遺産財団が監修に関わっているジェリービーンロウの紹介ユーチューブ動画[16]がある。十五分ほどのもので財団の主任がジェリービーンロウの誕生の経緯などを解説しているが、その中に三人の住民が登場する。三人が建物の外壁を塗り替えたことを話しているが、いずれも楽しそうにまた誇らしげに自宅の外壁の色とセントジョンズの町並みとについて話しているのが印象的である。町並みの色彩が街の暮らしを変え、地域の活性化に貢献したのも事実であろうが、何より地域の住民が自らの住む街を変えていこうとする力を自ら街の色彩から獲得したということが重要である。色彩に住民が街をつくっていく力、元気をもたらすかもしれない力があることを感じさせる。

3 キンセール ─ 食の首都のカラフルな町並み

アイルランドの南西海岸、フィヨルド型の狭い入り江が長く続き漁村の面影を残すキンセールの都市形成は一三世紀に始まる（図3）。海の資源や地理的な位置から英国とフランスの覇権争いが続き、入江を見下ろす二つの砦が一七世紀には建設された。キンセールは三百年以上間の漁港として栄え、一八二九年には四千六百十二人の漁師と、他に魚卸、魚加工や漁船建造で千四百十五人が働いていた記録があるほどで、漁獲された魚はアイルランドの主要な輸出品として産業革命で都市人口が急拡大しはじめた英国やフランスに送られていた。もうひとつ一八、一九世紀に隆盛を誇った産業として造船業があり、大きな木造の快速帆船などの軍艦が建造された。キンセールのウォーターフロントに行くと、当時の港一杯の帆船と漁船、岸には獲れた魚の選別する人々の写真が観光案内所の壁に飾られている。産業の隆盛により、キンセールにウォータフロント沿いに市街地が拡大していく。しかし二十世紀に入り、街を支えた二つの産業は急激に衰退し、ながく暗い時代がキンセールに続く。

キンセールは、現在アイルランドの食の首都と言われ、カラフルな建物の町並みでアイルランドでも最も魅力的なリゾートとして多くの観光客を集める地域になっている。衰退した都市から、魅力的な街に変わったまちづくりは一九七〇年代に始まる。契機となったのは一九五八年に始まるアイルランド観光局主催のタイディタウンコンペティション[17]であ

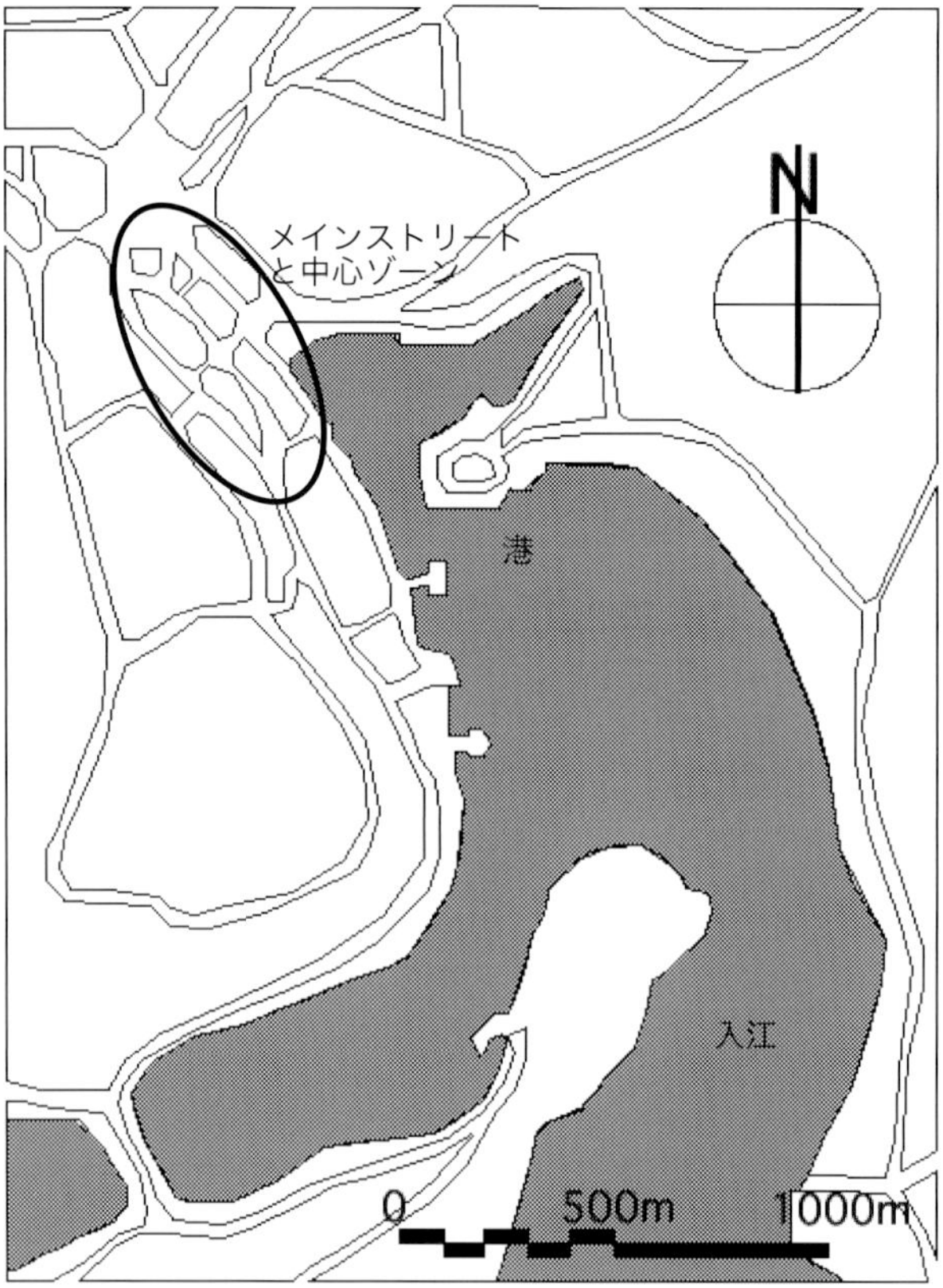

図３　キンセールの入江と街の地図

る。タイディタウンとは「小ぎれいな街」の意味で、景観を良くし、ゴミなども片づけられた街、街の佇まいを良くして観光客を増やそうという意味で始まった全国規模のコンペティションである。このタイディタウンではじめてキンセールの名前が出るのは一九七九年で、一九八四年にシーサイドタウン部門で第一位を獲得し、一九八六年にはアイルランド全体での第一位、小都市部門での第一を初めて獲得、その後は毎年連続して受賞することになる。一九九五年には全ヨーロッパでのツーリズムと環境部門の勝者になる。

街の環境づくりが始められ、美しい町並みが蘇りつつあったキンセールに、一九七〇年代、若い刺激的なシェフが到着する。産業としての漁業は衰退したとはいえ、キンセールの位置するアイルランドの南西海岸は、ジョンドーリー（マトウダイ）や牡蠣など新鮮な海の産物があり、フ

写真11　キンセール・メインストリートの街並1

ランスのブルターニュ地方とも交流があった。美しい入江と町並み、海の資源に目をつけた若いシェフや魚屋が魅力的なレストランやデリカテッセンの店をキンセールのウォータフロントに開店する。店は古い町並みを改造したもので、デザイナーの手によって魅力的にリストアされ、ファサードは鮮やかな色で彩られた。一九七六年にキンセールは「アイルランドのグルメの首都」と大胆に宣言する。グルメ・フェスティバルが始まり、毎年十月の中旬に行われ、ツアー客が集まりはじめ、キンセールの名が知れ渡りはじめる。それまで二つの砦（星型のチャールズ砦と小さなジェームズ砦）の廃墟しか観光名所がなかったキンセールに、シーフードやヨットなどのマリンスポーツを求めて観光客が集まりはじめた。キンセールの人口は五千人ほどだが、夏の間その数は週末には二倍になり、グルメ・フェスティバルの間に三倍になる。

写真 12　キンセール・メインストリートの街並 2

アイルランド第二の都市コークから車で三十分ほどの距離にあるキンセールへの訪問客に、まず目に飛び込んでくるのはヨットの浮かぶ入江と埠頭沿いの道の賑わいだ。しかしその直ぐ裏にあるカラフルな色彩に塗られた建物と幅の狭い曲がった通りにも驚かされる。通りにはレストランやパブ、しゃれた雑貨の店やギフトショップがならび、建物がリストアされ独特の色に塗られているのに気づく。街の主な商業的地域はメインストリート、ピアースストリート、埠頭沿いの道にあるが、中でもメインストリートは埠頭沿いの道に並行し、アイルランドで最も保存の良い歴史的な通りと言われ、カラフルな色彩にリストアされた建物が連続する。例えば緑の壁に青紫色のトリムカラーの宝石店、カフェ、肌色の壁に黒のトリムカラーのカフェ、薄灰色の壁に紫色の文字のカフェ、全体は灰色だが一階部分は鮮やかな深赤のビストロ、全体は黄土色で一階部分が灰色の雑貨の店、全体は青だがトリムカラーがクリーム色の事務弁護士事務所、全体が山吹色で入口部分が黒に塗られた本屋、全

写真 13　キンセール・メインストリートの街並 3

体は赤で一階部分の店舗が緑のフレームに塗られたレストラン、などなどである。おとぎの国を訪れたかのような気もするが、けっしてキッチュではなく町並みとしては十分に美しいし、なにより訪れた人への印象は強烈である。手作り感があるというより建築デザイナーやカラーリストのプロの仕事であり、本格的なものであることが伝わってくる。

　キンセールの地域づくりとは、シーフードという地域の産物の再発見による食のアピールが、個性的な色彩の建物デザインでさらに増幅され、唯一無二の魅力ある街として再生された例であるといえよう。商業的地域の鮮やかな色彩のリニューアルムーブメントに刺激され、周辺の丘陵に位置する住宅でも塗り替えの動きもあるという。またキンセールの位置するアイルランド南西部の小都市群の商店街も、調査で訪れた我々にキンセールの影響を受けているかのような、楽しげで魅力的な色彩で塗られたショップフロントを見せていた。

4 リオデジャネイロ ─ スラム街・ファベーラの塗り替え

オランダ人のアーティスト・デュオ[18]、イェロン・クールハースとドレ・ウルハーンは二〇〇四年、ファベーラ（ポルトガル語でスラム街の意味）の暮らしをドキュメンタリーに撮るためリオデジャネイロにやってきた。リオデジャネイロの北部地区には、ヴィラ・クルゼイロというファベーラがあって、およそ六万人が暮らしている。リオの住人はヴィラ・クルゼイロのことを良くないニュースで知る。ヴィラ・クルゼイロは不法居住者の街だ。地方からリオデジャネイロにきた貧しい人々が、許可なくつくりだした都市の中の都市といえる地域だ。犯罪や貧困、警察や麻薬組織との戦いで知られている。

二人がリオデジャネイロのファベーラで町並みに色を塗ってコミュニティを変えたプロジェクトを講演会で語っているオン・デマンドビデオ[19]がある。二人にとって衝撃的だったのは、そのコミュニティが全体計画もないままに、住民たちが勝手につくりあげた巨大な未完成品のように写ったことだった。オランダではすべてが計画されているというのに。撮影最終日、二人は街のなかで腰を下ろして酒を飲みながらファベーラの家々が延々と建ち並ぶ丘を眺めていた。ほとんどの家は未完成のようで、何軒かは漆喰仕上げでペンキを塗った家もあったが大半の家は壁の煉瓦がむき出しのままだった。その時突然、思い浮かんだ、「この全ての家々に色を塗ったらどうなるだろう」と。そこから彼らはある大きなデザイン、大規模な芸術作品をイメージした。こんな場所に、誰がそんなことを想像でき

写真 14　ファベーラの煉瓦でむき出しの未完成のような家々
Google マップ ストリートビューの画像

写真 15　青い色で塗られ凧をあげる少年の絵が描かれた３棟の住宅
“How paintings can transform commnunities” HAAS & HAHN / TEDGlobal4014 より

るだろうか。そもそもそんなことができるだろうかと。まず、家の数を数えるところから始めたものの、すぐにわからなくなった。

しかし、このアイディアが二人の頭から離れなかった。ヴィラ・クルゼイロでNPOを運営している友人がいて、彼に話したらこのアイディアを気にいってくれて、「ここの人は家を建て終えるときに、外壁を仕上げて塗装するのが大好きなんだと」と教えたくれた。その友人がこのプロジェクトにうってつけの地区の若者二人を紹介してくれて、彼らはスタッフになってくれた。

ヴィラ・クルゼイロの中心にある三軒の家を選びそこから始めた。いくつかデザインの絵をかいたが、みんなが気にいったのは凧をあげる少年の絵だった。それから実際に壁に色を塗り始めた。まず三軒の壁全体をブルーで塗った。それだけでも結構いいと思ったが、住民はひどくいやがり、こういった。「お前らなんてことしたんだ、俺たちの家を警察署と同じ色に塗るなんて」と。ブルーの壁はファベーラにはふさわしくなかった。刑務所も同じ色だったのだ。すぐに次の作業を始めて、壁に凧をあげる少年の姿を描きあげた（写真15）。完成したが、それでも十分でなかった。地域の子供たちがやってきて、「凧はどこにあるの」と聞いてくる。「これはアートなんだから、凧は想像してね」と答えた。しかし「やっぱり凧をみたい」と、それで凧が実際空に上がっているように、丘の高いところの場所に凧を描いた。この小さな試みを地元の新聞がとりあげてくれ、そこから英国の新聞ガーディアン紙[20]も「悪名高いスラム街が青空ギャラリーに」と記事にしてくれた。

この成功に二人は自信をつけて、再び、リオに戻って次のプロジェクトをやることになった。偶然ある通りを見つけた。そこは地滑りを防ぐためコンクリートで覆われていて

写真16　サンタマルク地区での街の塗り替えプロジェクト
Google マップ ストリートビューの画像

丘の間を流れる川のように見えた。川に日本風の鯉の絵を描くことを思いついて、地元で有名な刺青の彫り師を訪ねた。彫り師が原画を描いてくれ、近くに住む三人の若者もプロジェクトに参加してくれた。通りの近くに住む人が彼の家に一緒に住んでもいいと言ってくれ、地域ではバーベキューが大切さだと教えてくれた。しかしチームには経験や知識がなく、なかなかプロジェクトは進まなかった。また悪いことにその間、警察と麻薬組織の新たな抗争も勃発した。しかし、こういう大変な時こそコミュニティの人達が助け合うということも知った。地域に住んでバーベキューを行うと、コミュニティにとっての客である二人にもホスト役がやれて、地域のみんなをもてなすことができた。そこで隔週でバーベキューを開き、近所の全員と知り合うことができ、その協力もあって川に日本風の鯉の絵を描くプロジェクトは結局一年近くかかったが、完成することができた。

その間も「ヴィラ・クルゼイロの全ての家に色を塗る」というアイディアは温めつづけていた。しかしこのアイディアの規模はとてつもなく大きく、予算やプロセス、作業内容を考えると気がおかしくなりそうだった。しかし、地域で過ごしていると、こういうコミュニティの人達と過ごす時間こそが、実は大事じゃないかと思い始めた。アイディアを練りながら、デザインをもっとシンプルにし、もっと多くの人が参加できてより多くの家を塗ることができる案を煮詰めていった。そのシンプルにしたアイディアは、リオデジャネイロ中心部に近いファベーラであるサンタマルタ地区で試す機会がやってきた。地域をまわって参加してくれる人々を集め、住民の力を合わせて一ヶ月ほどで、街の建物に斜めの縞模様で色を塗り、地域のイメージを変えることができた（写真16）。

この映像が世界に伝わり、突然フィラデルフィアから電話がかかってきた。アメリカでも最も貧困なコミュニティであるノース・フィラデルフィア地区で「同様のことができるだろうか」との問い合わせであった。即座に「イエス」と答え、ノース・フィラデルフィアに赴くことになった。治安も悪い地区だったが、リオデジャネイロと同じように地区に引っ越し、バーベキューをやった。地域の若者を雇い一軒毎に建物の色彩を地元の店主やビルオーナーと協働してデザインし、二年かかりで町並み全体を塗り直し、通りの建物を巨大な色のパッチワークに変えた。このプロジェクトに参加してくれた地域の若者たちには、フィラデルフィア市から表彰状が出された。

どこかに出かけて行って滞在していれば、自然に計画は膨らんでいき、ボトムアップで地域の人々と共に汗をかくことで、オーケストラみたいに作業ができる。夢に参加してずっと支えてくれたみんなに感謝したい。これからもこんな試みを続けたい。近い将来、いろんな色が壁を彩り始める時には、もっと多くの人にヴィラ・クルゼイロの壮大な夢に加わって欲しいと思う。そうすればいつかコミュニティ全体が美しく彩られることになると思う。色を塗って地域を変えるプロジェクトとは、特別高い技能を必要とせず、地元の誰もが参加でき、できたものへの喜びが地域の人々すべてにとって大きいものだと思う。

写真17、18　ティラナの都市再生で最初にペンキが塗られた建物
左が塗り替え前、右が塗り替え後。写真はEdi Rama

5 ティラナ——色を塗って街をとりもどした市長

アルバニアの首都ティラナでの「色彩を使って街を取り戻す」試みは興味深い。二〇〇〇年からティラナの市長を十一年勤めたエディ・ラマ[21]は、もともと画家であった。エディ・ラマの講演[22]から、ティラナでの色彩を使ったまちづくりを紹介したい。

第二次世界大戦後、長く社会主義時代の続いたアルバニアは一九九〇年に体制が変わり、勝ち取った自由の時代が来る。しかしその九〇年代は政治的経済的混乱の続く時代となり、蛮行が横行し街から希望が消え、ティラナ市には無秩序がもたらされた。

市長就任後、エディ・ラマに与えられた無きに等しい予算の中で実現できたことが、不法占拠が常態化していた公園などの公共空間を取り戻す為に違法建築物を取り壊したことと、陰鬱な灰色の建物を鮮やかなオレンジに塗りなおしたことだった(写真17、18)。画家出身の市長は首都に失われていた希望を何とか取り戻そうと、主要な広場に面した建物の色彩の塗り替え工事を始めた。その時、予想しなかったことが起きた。現場周辺に人だかりができ、交通渋滞が起き大きな騒ぎとなった。資金提供を担当するEUのフランス人係官が慌てて塗装作業を止めさせようと「予算差し止めだ」と叫ぶ。「何故?」と訊くと、君が指定した色は欧州の基準に合わないと言った。ラマ市長は答えた。「そうですか。でもね、ここらの建物自体が欧

写真19　ティラナ での
カラフルな色に塗られた
集合住宅
Canva-Colorful apartment
buildings in Tirana, Albania
より

写真20　ティラナ中心
部での街路樹も豊かな通
りと街並
Google マップ ストリート
ビューの画像

州の基準に合っていませんよ。そのことに私達も気に入らない。でも色彩は自分たちで決めます。もし作業を妨害するようなら、今この場で記者会見を開き、あなたの態度が社会主義時代の検閲官のようだと公表します(23)」と。すると係官は困った顔をして妥協案を呈示した。しかし市長は断った。「妥協とは色に例えれば灰色です。灰色ならすでに一生分あります。今、それを変えるべき時なのです(23)」と。

建物に鮮やかな色彩を使った町並みと公共空間の回復は、人々が忘れていた街に対する思い、首都ティラナに対する誇り、帰属意識を呼び覚ますことになった。公共空間を占拠していた違法な建築物への怒りで、長年抑え込まれていた市民の感情があふれ出た。そして街のいたるところに色が現れ、雰囲気が変わると人々の意識に変化が生まれはじめた。ティラナの市民がこんなことを口にし始めた。「色が与えるこの感覚は何だろう?(23)」と。

市民生活に変化が始まった。ゴミやたばこ

のポイ捨てが減り、市民は公共空間のために必要な税金を払うようになった。市長は言う。「ある日塗装し直されたばかりの通りを歩いたときのことを覚えている。丁度歩道に木を植えている最中でした。ある店の主人とその奥さんが店の正面をガラスに変えていて、元のシャッターはゴミ捨て場にあった[23]」。どうして捨てたのですかと尋ねると、安全な通りになったからさと言われた。「安全？警官の数が増えたのですか？」と訊くと「警官だって、何言ってんだい。見りゃ分かるだろ。塗装に街灯に、でこぼこのない新しい舗装、それに植木、通りがきれいになったら、安全なんだ[23]」。

街の変化、美しさが暮らしに安心感を与えていった。そしてそれが見当違いではなかった証拠に犯罪の件数も実際、減った。忘れていた感情を人々は取り戻し、警官や政府そのものが見失っていた街の安全の役割を街の「美しさ」が担うようになっていったのだ。

建物の壁を塗りかえた鮮やかな色彩は子供に食べ物を与えた訳でも病人を看病したり、教育を与えたりした訳でもない。しかしそれは住民に希望と光を与えた。その光が見せてくれたのは、これまでと違う気持ちで生活ができるということ、エネルギーと希望を政治に向けられれば街の暮らしと生活を良くすることができるということである。現在のティラナの中心部のブロック地区の町並みはもちろん全ての建物がカラフルな色彩で塗られている訳でないが、豊かな街路樹が育ち、アメニティも高い魅力的な通りが形成されてきている。政治的経済的混乱を乗り越え、住民がティラナの街とまちづくりに希望を託せる、その契機として街の色彩が力となったのである。

7章　町並み色彩計画の新たな可能性

1 建築学における色彩とは

建築学での色彩について、まともに論じられた本はほとんどなく、建築学科でも色彩を学ぶ機会はないと言ってよい。建築学における色彩は長く、忘れられてきた分野である。歴史的にその背景をたどってみたい。

最古の建築理論書と言われるローマ時代の建築理論家ウィトルーウィウスの著した『建築書』[1]の第七書の中に、壁仕上げとして大理石の粉を混入したモルタル（スタッコ）工法を示したのちに、色彩についての記述がある。壁に塗る顔料について、朱、黒、インディア藍、鉛白および緑青、貝紫色、紫色などの各色に言及し、その作り方が詳しく述べられている。特に朱について外部に使う時の色質を保つ方法として、乾いた時に油を塗り、蝋で艶出しすることも述べられている。ギリシアの神殿もかつては多色彩色(ポリクロミー)されていたことが知られるが、当時から壁の塗装に関しかなりの必要性のあったことが伺える。

近代の建築美術を制度化しアカデミーのもとになったボザールでは、十七世紀以降、絵画での形態か色彩かの論争がおこるが、大勢は形態こそが理性的な行いというものであった。さらに十八世紀後半に入り、考古学の発掘調査の新知見からギリシア神殿に創建時には色彩が施されていたということがわかり、再び建築において形態か色彩かの論争が起こる。彩色されたギリシア神殿の美しい図面なども発表されるが、長年、ギリシア神殿は白

いものと思われていた固定観念は覆らず、白い大理石の形態こそが至高のものであるという形態派の勝利に帰着する。(2)

二十世紀の近代建築の誕生において、幾何学的形態の追求は色彩を語る余地などない方向に進む。しかし実際はデ・スティル、アスプルンド、ル・コルビジェなど近代建築を推進した建築家には、彼らの空間を特徴づける形態の中に色彩が巧みに使われているのを見ることができる。ミース・ファン・デル・ローエも傑作バルセロナ・バビリオンにおいて塗られた壁だけでなく、石や金属の素材の色の表現でポリクロミーの空間を実現している。

ル・コルビジェの一九二〇年代の白の建築の時代、白色が絶対とされたが、その壁には青緑、茶など彼の絵画で用いられる色彩がところどころ塗られ、彼の建築理論のひとつである建築的プロムナードを強調する。ル・コルビジェの建築色彩について、千代章一郎らは興味深い論考を発表している。(3)白色の効果を高めるためには白色だけでは不十分であり、色々な色彩が補完的に必要である、と彼は考えた。一般的にはあまり知られていないが、彼の建築色彩に関するものとして「建築的ポリクロミー」という論文がある。それは画家でもあったル・コルビジェのピュリスムの絵画理論の建築への応用であり、立体を面毎に、膨張色あるいは収縮色（後退色）の効果を持つ色彩で塗ることにより、形態の視覚秩序を強調、変化させることをねらった「建築的カモフラージュ」の手法であったのだ。

建築空間での色彩を明確に手法として活用した建築家にブルーノ・タウトとルイス・バラガンがいる。ブルーノ・タウトは一九一九年(大正八)「色彩建築への呼びかけ」を発表し、灰色の石造建築の歴史によって忘れられてきた色彩ある建築の復活を宣言し、実作においても一九二〇年代のベルリンで、ジードルングの建設で彼の色彩建築を実践する。タウトがなぜ、色彩建築をめざしたか。もともと画家として出発したタウトは、経済的事情のため建築家をめざすことになるが、彼のなかでは絵画での色彩が強く残り、絵画か建築かで悩みは続いた。解決策を見つけたタウトは建築の中で色彩を表現する決意する。彼の初期の建築での絵画の色彩との類似性が指摘されている(4)。

馬蹄形の住棟が有名なブリッツ・ジードルング(一九二五年〈昭和一〉~一九三一年〈昭和六〉)では住棟に巧みな色彩が施されている。長辺が二〇〇mに近い巨大な四層の馬蹄形の外側は全体が灰色がかったアイボリーで、階段室入口や中庭への通路などのエッジには煉瓦が建物を分節化するように使われ、階段室上部や、庇の下の四階部分、バルコニーの内部には青色が塗られている。庇の下に塗られた青色は、陽のあたり方で異なる色合いに見える。また馬蹄形の周りに建つ三層切妻屋の住棟群は、エッジ部分に煉瓦が使われているのは同様だが、住棟の壁面ごとに赤褐色、オレンジ、アイボリーに塗り分けられ、さらには一軒ごとに薄緑、オリーブ緑、黄土色、アイボリー、群青、青などに塗り分けられている住棟もある。タウトは太陽の日差しの中で色彩が人間の目にどのように映るかによって、建築色彩の考え方を構築した(5)。曇り空の弱い太陽光線の中でも黄色の面はあたかも柔らかい陽射しが降り注いでいるかのように見え、オリーブ緑の面は陽射しに対しくっきりとした陰影をつくりだしている。タウトは午前の光は弱く冷たい、午後の光は強く暖かい、という自然の条件を前提にして、面ごとに異なる色彩で塗装する色彩理論を実践したのである。このジードルングの色彩について、バルト海沿岸の伝統的な町並との類似性を指摘する分析(6)がある。タウトはバルト海沿岸のケーニヒスブルグ出身で、育った風土と彼の建築色彩の表現にはつながりがある。タウトも「かつては至るところにあった色彩の伝統が失われてしまったが、色彩にあふれた建築をとりもどさなければならない。[7]」と記している。色彩が見るものにそれぞれの意識や想像力のなかで、飾りやレリーフのような建築装飾、また自然の風景へと変換されることによって彼の「色彩の空間構成、色彩の建築[8]」が成立したのである。

ピンク色の壁で強烈な印象を残すメキシコの建築家ルイス・バラガン[9]がいる。彼の設計方法[10]の特徴は、彼自身は平面図や立面図のような建築図面は画かず、透視図的なスケッチをもとに工事現場へ頻繁に訪れながら建築空間を考えていったことだと言われる。彼の建築に色彩が意味を持ち始めるのは、一九四〇年代後半からで、友人（チョーチョ・レイエス：古美術に造詣が深く色彩のエキスパート）の助言で色彩を壁や天井に使う方法を模索しはじめた時だ。バラガンは現場で、緻密に空間のシークエンスを読みながら、開口部からの光を注意深く観察し、面の色彩を考えていった。彼の設計手法である空間を切り取るフレーム、絵画的風景を構成する壁の独立性と自立性、奥行を生み出す重層的な空間構成を、壁や天井にピンクや紫、赤、黄色など鮮やかな色彩をまとわせ生み出していった。バラガンの建築は色がつくりだす空間と言われ、色がなければバラガンの空間はない。しかし色が使われているのは建築空間のうち数パーセントで大半は真っ白な壁である。意図された場に強い印象と残像の残る色彩をつくり、受け取る快感や色のもつ活力に人びとを目覚めさせた。彼の建築に使われた色彩、ピンクはブーゲンビリアの花、薄紫はハラカンダの花、赤はタバチンの花、赤錆色と黄土色は土の色、青は空というように、メキシコの自然、植物、風土からみずからの建築につかう色を抽出し、住む人びとのアイデンティティにメキシコでの風土を、色を通して語りかけた。

インターナショナルスタイル、世界のどこでも同じスタイルの建築への抵抗のひとつとして、建築における色彩が地域性や風土性を表現する大きな武器になりうるのではないか、タウトとバラガンの軌跡はそのことを示している。

2 町並み景観と色彩

共同体と景観

建築家の山本理顕はハンナ・アーレント[11]を引きながら、古代ギリシアのポリスでは都市の公的領域と私的領域の間に、家に属しながらポリスに開かれ、他の市民を招き入れ法や政治を語りあう場でもあった中間領域(山本は「閾《しきい》」という言葉をあてている)の存在、その建築的現われが、アゴラとともにポリスが自由と平等の場であることの証となっていたと書いている。[12] ポリスに暮らす市民集団にとって、都市、家という人間の手によってつくられた建築空間こそが「法」という共同生活のための規範の根拠となったのであり、「法」が先にあり「法」にもとづいて建築空間がつくられたのではなかった。アーレントの〝物化〟の概念、「思想はそれが〝物化〟されることによってはじめてそこに住む人びとによって共有されるものになるのである」。

都市、集落という人間の手によってつくられた建築空間の集積が、人間集団の秩序や法や生活の根拠をとなってきた。山本は世界中をまわった集落調査でも同様の構造を確認できたと述べている。集団の意志や暮らしの内容が景観の形となって現れていることを各地の集落で確認できたと述べている。

その場所に住むという地形や立地性、全体と個々の家の関係とつながり、どういう暮らしを営むかという建築の形や使われる素材はそこに住む人びとの思いと暮らしが〝物化〟されたものである。景観の中での個々の建物の色彩も、思いと暮らしが〝物化〟された重要な要素のひとつである。

景観をつくる仕組みの崩壊

イギリスで最も美しいと言われるビレッジのミルトン・アッバス[13]を訪れたことがある。ビレッジとは地主階級の農場で雇用した農業労働者のための住宅（コテッジ）が集合した場所である。ミルトン・アッバスは一本の街道に沿い両側にコテッジが並ぶ路村である。サイトプランではそれぞれの敷地は、奥行きが深いロングロット（短冊型）の形態であるが、住宅のバックヤードは地形的に急斜面になっていて全体が丘陵で囲まれた地形である。そこに別世界のような町並みが形成されている。ミルトン・アッバスは十八世紀後半につくられたもので、特別古いビレッジではないが、現在もまったく変わらず美しく維持され、玄関ドアや窓枠は一軒ごと異なる色に塗られている。バックヤードは菜園、子供の遊び場や庭園になっているが、訪れた時も住人が、急斜面での庭の造作に精を出しているのが見られた。長い間、同じ光景が繰り返され、この場所に住むことに満足し、これからもそれが続いていくだろうと思わせられるものであった。景観の美しさとは、その場所に住むことに喜びと誇りをもち、これからもここに住みつづけたいと思い、しかもその思いが保証されるという社会的仕組みが確保されるなかで、生まれるものだと感じるものであった。柳田国男の「村を美しくする計画などというものは有り得ないので、或いは良い村が自然に美しくなって行くのではないかとも思はれる」[14]。という言葉も、そういう意味であると思う。山本理顕は現代社会では都市空間に経済原理が貫徹するなかで、欧米では住宅地だけは注意深く経済原理から守られ「住む原理」での空間構成が保持されていると述べている[15]。我が国の住宅地は経済原理に完全に支配され、「住む原理」での空間はとっくに崩壊している。我が国の住宅地環境には、その場所に住むことに喜びと誇りをもち、これからも住みつづける意志と子孫のその場所を伝えていく、というもっとも基本となることを確実なものとし、保証する社会的仕組みが失われている。そういう意味で、住宅地の景観が混乱していると言う前に、景観を生み、組み立てる社会的構造が崩壊しているのである。

計画の考え方

経済学者のハイエク[16]はデカルト以来の近代合理主義が生み落とした計画主義(設計主義)的思考に対し、歴史過程において習慣、伝統、言語など人間の行為の意図せざる結果としてできあがった秩序（「自生的秩序」）を社会システム上の最も重要な構造と捉え、その価値を強く主張した。自生的秩序は、何らかの意図を実規するために個人や集団が意識的・計画的に作り出したものよりはるかに精巧で、社会の真の発展を支えてきたのである。共同体における町並み色彩も住民が地域の素材や風土条件をもとに、長い時間をかけた近隣関係の中で生み出してきた、まさにそのようなものとしてある。地域の町並み色彩研究はその自律性、規則性を探し出さなければならないと考える。ハイエクのいう計画主義（出口を前提にした）調査であってはならない。

筆者は大学院時代に、早稲田大学吉阪研究室で、「発見的方法」という地域づくりの考え方、地域に向かう姿勢を教えられた。研究室のリーダーの一人であった地井昭夫は「発見的方法」の誕生について、「私たちによって作り変えられるべき世界ではなく、全く逆に私たちひとりひとりがそれによって支えられている世界を発見することになった。この二つの発見の帰納的総括から、もはや発見的方法としかいいようのないものの存在を確信するに至った[17]」と書き記している。安易な計画主義を戒めた地域づくりの方法が「発見的方法」である。

3 「生活環境色彩」としての町並み色彩

セントジョンズやブラジルのスラム街での住宅に色彩を取り戻した時の住民の喜びと地域への誇りの回復は、コミュニティの色彩が今、重要な集落景観の要素であることを語っている。コミュニティの暮らし、生活環境としての色彩がある。

町並み色彩は、地域の歴史、文化が表現され、地域コミュニティ単位の固有性をもち、地域住民の社会的な生活意識が視覚的に表現され、現象的にも実体的にも変化している。ゆえに生活の物語として地域住民の生活との濃密なかかわりをもつ、複合的、重層的なものであるととらえられる。このような町並み色彩のありようを、「生活環境色彩」と定義づける。「生活環境色彩」としての町並み色彩は三つの視点から考えられる。

コミュニティ固有の町並み色彩

色彩は共同体の存在表象であり、文化現象である。町並みを構成する建物は長い歴史のなかでつちかわれてきた風土固有の素材と色彩で形成される。石や煉瓦、漆喰、モルタル、木など、風土固有の素材である。素材の表面を覆う塗料、柿渋やベンガラなどは、素材を風雪から保護するとともに、その色彩は地域性を表現する。例えば木造下見板張りペンキ塗り建物は、アメリカ・ボストン周辺地区の建築様式を一つの原型として、函館市西部地区や神戸市北野町山本通地区と地域をこえた建築様式の歴史的なつながりがある。しかし、その色彩にはつながりがみられず、三地域ごとに独自の変化がみられ、それぞれに特徴の異なる、固有の町並み色彩が形成されている。すなわち、町並み色彩には明確な地域性がみられる。

時代におけるペンキの供給、価格、生産、技術のあり方や建築様式は各建物のペンキ色彩に影響する。地域に造られた記念的な建物や船舶の色からの影響、在留外国人の色彩文化の移入、これらに加えて地域における大火や戦争等の歴史的な出来事、例えば戦争による外国人の国外退去や建物の取り壊しなどの急激な環境変貌にたいする地域コミュニティの対応など、町並み色彩には各地域に刻まれたさまざまな歴史が反映している。

生活の物語としての町並み色彩

函館でのヒヤリング調査では地域住民の町並み、建物の色彩にたいする記憶は鮮明で、様々な思い出が語られた。それらは建物の改築や用途変更、住み替え・入居、結婚などの生活の節目となる出来事と結びついたペンキの塗り替えといった個人的な思い出もあった。また船舶の色とそれの建物への影響や地区の代表的な建物の色の周囲の建物への波及といった色彩の地域とのかかわりや、大火や戦争といった社会的出来事と結びついた色彩など、町並み色彩にまつわる様々な思い出が地域住民の生活の物語として語られることもあった。地域住民にとって町並み色彩は、生活の営みの中で濃密なかかわりと意味をもち、重要な役割を担っていた。

変化する町並み色彩

こすり出し調査を行った三地域に共通して、現状とは異なる色の町並み色彩が過去には形成されていること、地域の特徴的な町並み色彩が時代によって変化していることがとらえられた。これは色として視覚的にとらえられた町並みが現象的に変化しているだけにとどまらない。背景にある要因や意味などの、いわば町並み色彩の実体的な内容もまた変化し、多様であった。それは個々人の色彩に対する趣味や好みの変化などの個人的な意識の変化の反映もあるが、多くは地域住民の建物、町並みや地域コミュニティへの思いの歴史など、生活環境とのつながりのなかで社会化された地域住民の生活意識の反映であった。

例えばセントジョンズでの、くすんだ通りの町並み色彩からジェリービーンと呼ばれるような鮮やかで楽しげな、ポップなものに変わった町並み色彩は何を表しているだろうか。町並みの形態、すなわち建物群の高さやボリューム、意匠についてはほとんど変化がみられない。変化があってもインフィル型の復元的新築などである。現象的に大きく変化した町並み色彩は、地域住民の社会的な生活意識を直接、視覚的に表現する媒体となっている。ダウンタウン全体のジェリービーンと呼ばれるほどカラフルな町並み色彩への変貌は計画されたものではない。建物の塗り替えの要因として、函館でのヒヤリングでは近隣での魅力的な建物色彩の影響、時代のはやりなどがあげられたが、セントジョンズでもそういう影響が地域全体に一挙に流行性感冒のように波及したものなのだ。住民がこぞって鮮やかで楽しげな色彩を選択した背景には衰退した街に活気をもどしたいという危機感があった。町並み色彩の変化は地域の住民の暮らし、思いを表現するものにほかならない。

「生活環境色彩」としての町並み色彩の捉え方

函館西部地区や神戸異人館のようなペンキ塗りの事例は我が国では特殊なケースかもしれない。明治以降の都市形成のなかで、瓦、木格子、漆喰、石材などで構成される伝統的な町並みに、西洋建築や化学製品の材料、塗料などが導入され、それぞれの地域でどういう町並み色彩が変化しながら生まれてきたのか、ペンキ塗り下見板のような調査の「手がかり」となるものを発見できないこともあり、現状ではよくわからない。しかし、筆者の経験でも同じく町並み調査を行った北海道の港町小樽と函館では明らかに色彩の傾向が違う。小樽は運河沿いなど多数の灰色の石造倉庫群が今も残るが、重要文化財になっている石造の旧日本郵船小樽支店、旧日本銀行小樽支店は煉瓦造であるが表面にモルタルを塗り石造風に仕上げているなど、灰色の色相の建物が多い町並み色彩の印象がある。印象的な町並み色彩の場を訪れたということでは、ベンガラ生産の岡山県成羽町吹屋地区を訪ねたことがある。すべてベンガラで塗られた町並みは驚きであったが、とくに漆喰にベンガラをまぜて塗られたサーモンピンの壁の美しさには強く魅了された。こういう壁の色は吹屋地区内だけのものであろうか、それとも「隣接波及」して他地域にも拡がっていないのだろうか。

瀬戸内国際芸術祭で日本中から採取して集めた数百種類の土を、十㎝ほどの正方形にして白い巨大な正方形のテーブルに整然と並べたアート作品を見たことがある。美しい作品ではあったが印象に残ったのは、土の色が薄茶や黄土色のような我々が普段認識する色だけでなく、赤、橙色、黄色、水色、青、薄緑、緑、灰色、紫、黒など、あらゆる種類の色の土があるということであった。伝統的な日本建築には地域で採取された土による土壁が使われているが、その土壁にも多様な色があるのかもしれない。山陰地方での石州赤瓦の屋並み、北陸の能登の釉薬を塗った黒瓦の屋並みは現在でも美しい屋並みをつくるが、窯のなかで炎や釉薬の作用によって瓦の色調は多様に変えられると聞く。建築、町並みに使われる地域の土、石・煉瓦、木材、陶磁器、特有の顔料や技法などにペンキを加えたものが、地域の「生活環境色彩」としての町並み色彩を探る基盤となる。「生活環境色彩」としての町並み色彩をさぐる「手がかり」はペンキ塗り下見板だけではないと思う。地域の町並み色彩をつくる基盤を対象に色彩に託したコミュニティの住民の思いや変化のプロセスを探る、新たな「こすり出し」の方法を開拓することが必要である。そこからライフヒストリー調査を行うことができれば、発見できるものがあると考える。

4 従来の町並み色彩計画の考え方

計画主義としての従来の町並み色彩計画

色彩科学に基づく従来の町並み色彩計画の考え方は、ハイエクのいう計画主義に陥っている。町並み色彩とはコミュニティが基盤の条件をもとに、試行錯誤と取捨選択を積み重ね、自律性をもって機能するにいたった自生的秩序であり、特定の個人や集団の意志により設計されたものではない。風土や環境、材料、技術、時代表現など複合的要素で構築される町並みの一部であり、住民の思いや生活知の集積から形成されたものを色彩科学に基づく一元的な価値で対象を判断するものである。

色彩科学の考え方そのものを否定するものではないが、実態が充分に把握できていない町並み色彩を対象に、限られた採取情報に依拠した色彩科学による分析、判断に合理性があると考えられているが、ほんとうにそうであろうか。町並み色彩を対象とし、規制を生み出すという計画の、その問題の大きさが認識されていないのではないだろうか。コミュニティでの住民の思いや生活知の集積による町並み色彩の形成、その反映でもある時代による変貌などの実態を捉えることなく、一元的な価値判断による規準をつくりだすことに大きな問題があるように思う。

公共に管理される町並み色彩

実態のわからないものを、コントロールする根拠は何だろうか。我が国では、町並み色彩がいつのまにか公共に管理されるものになってしまった。我が国での都市計画制度の基本的ルールの考え方は最低規準をしめすものであり、望ましい姿、こうあるべきだというかたちを示すものではないと言える。暴走という最悪の状況を想定し、そうならないような規制としての規準なのである。我が国の都市景観は大きな景観的混乱状況にあり、歴史的町並みなどを除いてどこの市街地も地域性を喪失した状況にある。基本的に一定の統一感が景観を悪化させないものとなるが、その最も重要な建物の形態規制は残念ながらその根拠と基準を示し得えない。

一九八一年の都バスの色問題を契機に、都市景観での「公共の色彩」という捉え方、さらに「騒色」という視点が生まれるなど、町並み景観での色彩について社会的関心が高まってくる。景観とは言うまでもなく、規模や形態、意匠と一体のものとして色彩がある。しかし、我が国でも特別な場所（伝統的建造物群保存地区のような場所）を除き、景観法による景観形成基準の形態規制も、望ましいかたちが示せない。建物の形態や意匠、規模、高さは規制すると具体的に私権に触れるので難しい。なによりも、その具体的な規準そのものがつくれない。そういうなかで色彩は基準を数値で表すこともでき、また根拠となる色彩の地域性を現地調査からある程度客観化できると捉えられている。景観を形態と切り離し色彩だけで、地域基準を示す仕組みがつくられたのである。その仕組みが全国に拡がり、町並み色彩が公共に管理されるものになってしまった。

色彩のガイドラインの策定とは対象地域の測色を行い、ゾーニングと地域イメージ、評価をシンプルな色彩や言語で置き換え、対象地域での推奨色彩とエリアを設定する方法である。現在我が国では建築物の外観色彩について、すべての都道府県内のいずれかの行政区域で、建築物の新築時の屋根又は外壁に関するマンセル表色系を用いた規制が行われている。これらの考え方をもとに建物形態と離れた色彩規制の考え方が、都市全域やさらには東京都や兵庫県のような県全体の広域も対象として行われている。

しかしその基準は「空や樹木の緑、土や石等の自然の色と馴染みやすい、暖色系で低彩度の色彩を基本とする。（「東京都の建築物等の色彩の基準」）」のような手がかり・根拠となるものが希薄なものになりがちである。全国的にみても同様の基準が多く、景観形成で「使用できる色」の範囲も東京都に近い彩度の低い無難な色が多くの自治体で採用されている。加えて「周りと調和する落ち着いた色に」と指導するケースも多い。これらから現在、全国ほとんどの地域で「無難な落ち着いた色」という色彩規制が基準がとなっている。

「自然環境色彩」と「近代科学色彩」の計画原理

我が国の自治体の「規制型」の色彩計画とその根拠となっているのが地域の自然や風土の色（自然環境色彩）を元に、色彩学の調和理論（近代科学色彩）で分析、評価し客観性・科学性を押し出す考え方である。改めて、従来の町並み色彩計画の考え方の基本となってきた「自然環境色彩」「近代科学色彩」について整理しておきたい。

「自然環境色彩」の計画原理

「自然環境色」は地域の植物、土、空、海、山などの自然環境そのものの中に見出される色や地域の自然の材料からつくりだされた建築の素材そのものの色であり、地域の町並み景観の色彩の基盤を構成する要素とするものである。このような地域の自然の中の色や建築の素材色である「自然環境色彩」のもつ意味は、人々の身のまわりにある材料でつくられたり、人々の身近な環境から発見されたりし、人々の生活に密着し、長い間慣れ親しまれてきたものであり、そこに色彩計画の根拠を求めようとしている。

江戸時代までは青と丹の色で彩られた神社仏閣を除いて、住宅などの一般の建物は、すべて地域の自然の素材でつくられていたと言える。しかし、明治時代以降特に戦後、自然素材の材料から人工的な材料への転換、それによる町並み色彩の変容など、状況は大きく変わった。そういう中でも計画の考え方として地域の町並み色彩の基調として、「自然環境色」を拠りどころに位置付けようとするものである。

一方地域の植物、土、空、海、山などの自然環境そのものの中に見出される色を町並み色彩計画の基本原理にしようとする札幌市などの取り組みがある。一九七二年から、札幌の自然の色の中に地域の色を求めることを目的に地域に生息する植物などの色、四千色を採集し、その中から一四四色を抽出し、「札幌自然色」としてまとめた。これをベースに札幌市は「誰もが綺麗であると思える色彩」を七十色選び、大規模建築物等の色彩景観ガイドラインとして事前の届出を義務づけ、色彩についての協議をおこなうものである。

「近代科学色彩」の計画原理

もうひとつ従来の町並み色彩計画の根拠としているものが、色彩の科学である。それもとくに二十世紀以降の近代の色彩科学の理論から導かれる色を「近代科学色彩」と定義し、町並み色彩計画において、この近代科学色彩を基本原理とし、根拠にしようとするものである。色彩の科学には、古くはアリストテレス、十八世紀のニュートン等があるが、現代の町並み色彩計画に大きな影響を与えたのは、二十世紀以降の表色系の考案と色彩調和論である。現在、色票による表色系としてマンセル表色系が最も広く普及しているが、この表色系の記号や数値によって共通認識できる色を特定できるようになった。そういう中で、具体的な配色調和のあり方としての色彩調和論が、ムーンとスペンサーやオストワルトなど、さまざまな人により提唱されるようになった。

個々の事例での色彩調和論をもとにした色彩デザインの有効性は疑わないし、筆者らも函館でのペンキ塗り替え活動では色彩選択においてその考え方に依拠している。しかし、町並みレベルでの色彩調和論が成立しているとは思えないし、またその有効性についても疑問である。

5　町並み色彩計画の新たな方法

ライト・エンバイアラメントとしての町並み色彩

都市デザイン研究者のドナルド・アップルヤード(18)は都市空間の分類概念として、ヘビー・エンバイアラメントとライト・エンバイアラメント(19)を提起している。ヘビー・エンバイアラメントとは文字通り重くて、基盤となり簡単には変えることのできない都市空間のファブリック（骨格や構造）を規定する道路パターンや街区構成、大規模構築物、あるいはゾーニングなど、住民の力では簡単に変更することができないような要素をさす。一方ライト・エンバイアラメントとはコミュニティの暮らしの現れであり、建物の維持、生垣や庭づくり、前庭や歩道・駐車場の管理・清掃など住民の力と働きかけにより変えることができる環境をさす。アップルヤードは環境の質を価値づけるのは優れた都市の骨格要素も必要な条件とはなるが、コミュニティでの暮らしの喜びや誇り、住みつづけたいという思いを保証するものは、ライト・エンバイアラメントの充実、それへの住民自らの働きかけこそが重要であると述べている。

コミュニティでのライト・エンバイアラメントに関連する社会学、環境犯罪学分野での研究に、「ブロークン・ウィンドウ」(20)理論がある。コミュニティで窓が壊れた一軒の住宅をそのまま放置することは、「誰も環境に関心を払っていないというサイン」を出すことになり、地域に犯罪を起こしやすい環境を生み出すことになるという理論である。その状況が生じると、住民のモラルが低下し、地域の維持や安全確保に無関心となり、犯罪が増加し、さらに環境悪化が進むという悪循環に陥いる。「ブロークン・ウィンドウ」現象を防ぐ力は、住民による不断のライト・エンバイアラメントとしての環境の維持と改善の取り組みなのである。

我が国では放置された空き家や維持管理が不十分な住宅の出現が直ちに「ブロークン・ウィンドウ」現象を生じさせるという状況にはないが、コミュニティにとっては不本意な、さびしい状況である。函館で経験したことだが、建物の維持管理が十分でなく長い間ペンキ塗り替えができずにきた建物には、破れた窓と同等かそれ以上に、荒廃した感じを受けることがある。建物をペンキで塗り替えるということは、建物が鮮やかな姿で蘇ることを実体験してもらい、住民に建物への愛着を取り戻させる契機となるが、空洞化や高齢化により衰退していたコミュニティにとっても元気づける出来事である。ペンキ塗り替えとはライト・エンバイアラメントの維持向上の大きな要素であるが、それ以上にコミュニティにとって意味のあるものである。

政治的社会的混乱により都市全体が「「ブロークン・ウィンドウ」現象といえる荒廃に直面したティラナは二〇〇〇年、不法占拠から広場などの公共空間を取り戻し、灰色の建物を鮮やか色に塗り替えるプロジェクトを開始する。予想しなかったことが起き、プロジェクトの現場には人だかりができた。建物を鮮やかな色彩で塗り替えたことが、人々が忘れていた街に対する思い、美しい首都ティラナに対する誇りを呼び覚したのだ。公共空間の回復と町並みを美しい色で塗り替えたことは、街の暮らしと生活を良くすることができるという希望を住民に与えた。住民によるライト・エンバイアラメントの環境改善が進められ、ティラナが街の美しさ、魅力を取り戻したことは、コミュニティに安心感を与え、実犯罪の件数も減少させた。

ライト・エンバイアラメントとは住民の思いと働きかけにより変えることができるコミュニティの暮らしの現れである。町並み色彩はその重要な要素である。

町並み色彩計画を構成する三軸のフレーム

従来の自然環境色彩と近代科学色彩による二軸で組み立てられた町並み色彩計画に対し、生活環境色彩を加えた三軸によるフレームを設定する。その三軸のフレームに、ベクトルとして創造性をくわえた力で計画をとらえる（図1）。

対象とするエリアは、都道府県や市町村といった広域の行政単位ではなく、狭域の地域コミュニティを単位とする。そこでは現状の把握だけでなく、その地域の歴史、文化や住民の生活、意識がどのように町並み色彩に反映しているのかをとらえることが必要である。各地での時層色環の分析からわかるように、生活環境色彩としての町並み色彩は普遍的、固定的、永続的なものではなく、住民の生活や時代背景、技術などの流れに対応しながら変化するものである。したがって、町並み色彩計画も固定的なものではなく、変化を許容するものが求められる。

町並み色彩計画において、従来の自然環境色彩と近代科学色彩に生活環境色彩を加えることの意味は、生活環境色彩が地域の歴史、文化や地域住民の生活とその意識にかかわっ

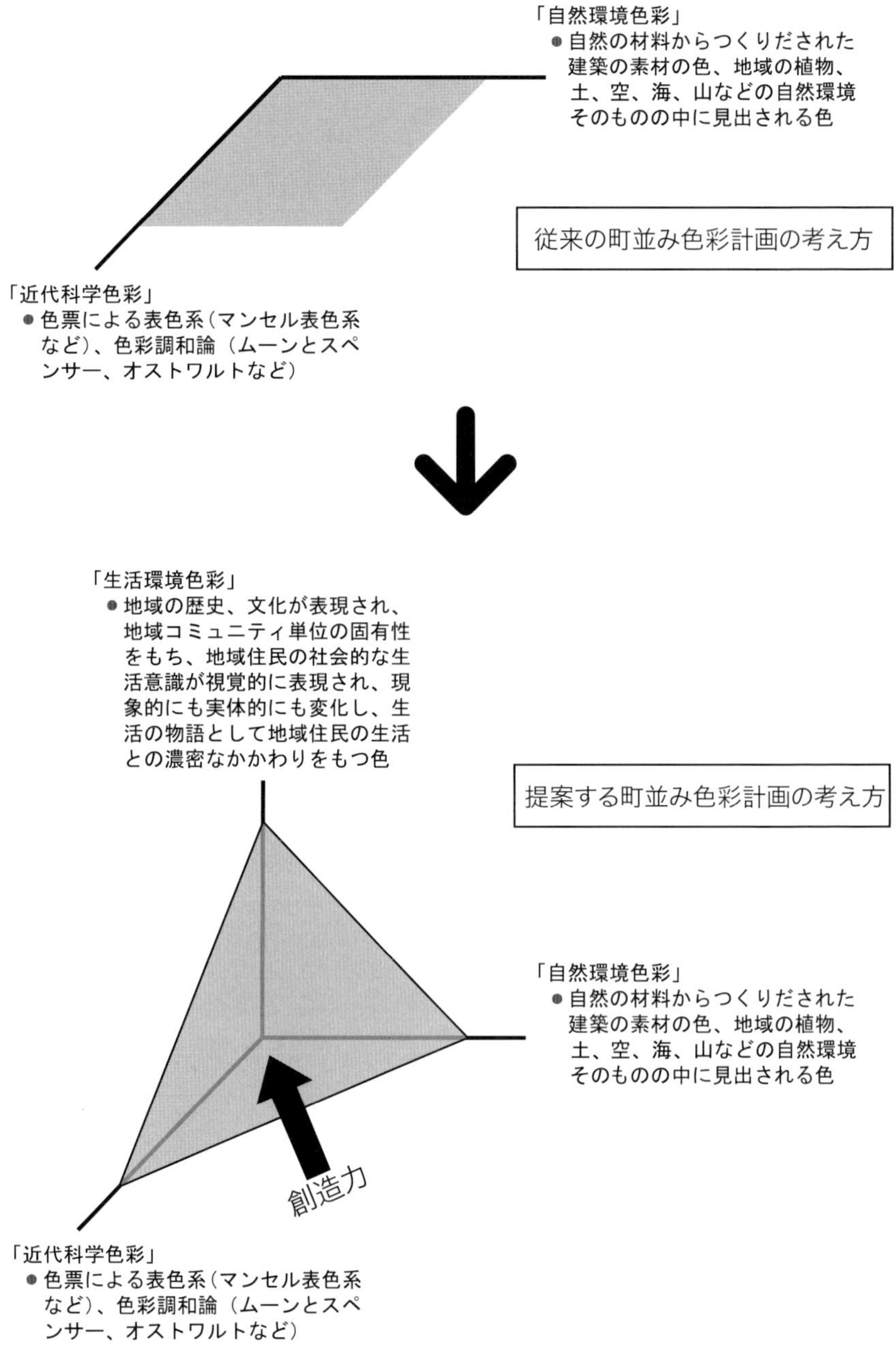
「自然環境色彩」
●自然の材料からつくりだされた建築の素材の色、地域の植物、土、空、海、山などの自然環境そのものの中に見出される色
従来の町並み色彩計画の考え方
「近代科学色彩」
●色票による表色系（マンセル表色系など）、色彩調和論（ムーンとスペンサー、オストワルトなど）
「生活環境色彩」
●地域の歴史、文化が表現され、地域コミュニティ単位の固有性をもち、地域住民の社会的な生活意識が視覚的に表現され、現象的にも実体的にも変化し、生活の物語として地域住民の生活との濃密なかかわりをもつ色
提案する町並み色彩計画の考え方
「自然環境色彩」
●自然の材料からつくりだされた建築の素材の色、地域の植物、土、空、海、山などの自然環境そのものの中に見出される色
創造力
「近代科学色彩」
●色票による表色系（マンセル表色系など）、色彩調和論（ムーンとスペンサー、オストワルトなど）
図1　町並み色彩計画のモデル図

ているために、住民が町並み色彩を身近な、親しみ深い生活風景としてとらえることができることにある。したがって、地域住民が町並み色彩への関心を高めやすく、また生活環境色彩をとおして住民が地域の価値を再発見することもありえる。そこに町並み色彩の問題が地域住民にとって自分自身の問題としてとらえられる契機があるといえる。町並み色彩を形成し、維持するのはあくまでも地域の住民一人一人であり、彼らが色彩の問題をいかにして自分自身の問題としてとらえることができるのかは、計画におけるもっとも重要な課題にほかならず、生活環境色彩はこの課題にこたえる有効な概念である。

さらに、地域住民の町並み色彩に対する認識は、往々にして現状の限定されたものにとらわれがちであるが、現状とはまったく異なるものが過去には形成され、時代によって変化してきた生活環境色彩は、このような住民の認識を改めさせ、これからの町並み色彩のあり方について住民のイメージを広げ、豊富化する上で大きな役割を果たすものと考える。もう一つは、生活環境色彩が、個人の生活や意識の表現であると同時に、地域の歴史や文化の表現でもあるという性格をあわせもっているために、個々の建物の色彩の選択、決定行為を個人の利己的、独善的な表現に陥らせることなく、町並み全体にとってプラスになるように方向づける構造を内包していることがあげられる。

計画は三つの軸に、「創造力」をくわえたベクトルの場でとらえる。建物や町並みを再発見する美しい、魅力的な色彩の在り方を探るものである。。ブルーノ・タウトやルイス・バラガンの建築色彩の創造力、キンセールのような類を見ない町並み色彩をつくりだす創造力こそが重要である。個人や集団の優れた想像力とは「発見的方法」であり、風土や社会、歴史への洞察力を前提とするものであると考える。

町並み色彩計画の実践

色彩の計画は住民、コミュニティとともにである。住民、コミュニティの喜び、誇りとなる町並み色彩の計画づくり、その実践である。色彩には力がある。コミュニティの町並みにおいて、ある状況下では特別な力を発揮する。建物を創造的な色彩で塗り替えることで、人々が忘れていた街に対する思いを取り戻す力がある。

町並み色彩を考える時、現状をどう捉えるかが問題となる。住民が誇りをもって住み続けたいと思い、町並み景観が良い場所では、固有の町並み色彩をベースにしながらも、過去の色彩や固有の環境資源を再発見することが重要である。ペインターのような創造的な専門家や塗料メーカーが出現し、類を見ないような景観を創出する可能性がある。サンフランシスコのヴィクトリアンスタイルやセントジョンズ、キンセールのケースである。函館西部地区では、塗装業者がペンキの剥げたり傷んだりしている建物を見つけ、その所有者に対してペンキの補修を助言する町並みの観察者、管理者（タウンウォッチャー）としての役割を担っていた。ペンキ塗りボランティア活動も、現地を巡回し、タウンウォッチングをおこなってペンキ塗り対象建物を選んだのは、かつての塗装業者と同様の働きである。ペンキを塗り替える時には、ペンキ層のこすり出し、時層色環の分析を行うとともに、塗装業者、近隣住民との間の対話、相談という地域での色彩選択の支援的なしくみを継承しながらも、色彩シミュレーションによる創造的な提案も行われる。

現状の町並み景観には問題があるが、住民がなんとか改善し、住み続けたいと考えている場所では、コミュニティの環境改善に色彩が力をもつ可能性がある。都市とコミュニティの再生、復活をプロモートする町並み色彩の計画と実践である。アルバニアのティアラやリオデジャネイロのファベーラでの取り組みである。建物の壁を塗りかえた鮮やかな色彩が住民に荒廃していた街、環境への再生の希望と光を与える。「色が与えるこの感覚は何だろう?」と。街のいたるところに色彩が現れ、雰囲気が変わると人々の意識に変化が生まれはじめる。見失っていた街への誇りを取り戻し、街の「美しさ」の回復が街の安全の役割を担うようになる。住民が街とまちづくりに希望を託せる、その契機に街の色彩が力となるのである。

現状の町並み景観に問題があり、しかも住民がバラバラで地域の環境に関心をもっていないというサインが拡がり、住み続ける意欲も強くない場所もある。我が国のコミュニティの大半はこのケースであろう。この町並み色彩を行政がコントロールし、無難なもの、最低規準をしめすもののようなものにおとしめるべきでない。小さなまとまりから、住み続ける意欲のある住民を見つけ、集まり、話し合いをはじめるべきである。地域の課題をさぐり、みんなで考える。環境を改善する手立て、アイディアを提案し、みんなが大切だと考えてきた場所で、もっともやりたいと思うことを実行する。ライト・エンバイアラメントの環境改善の手立ては様々であろうが、場所に託せる住民の思い、憧れをかたちにして、住民の喜びを表現することが重要である。我が国においても、その思いの表現対象が色彩である可能性はある。

注釈

はじめに

1 TEDxThessaloniki 2015 講演 Rama,Edi Kristag "Take Back your City with Paint"

1章

1 植木憲二『塗料のおはなし—塗料の性質と機能』財団法人日本規格協会、一九八六年二月、他を参照。

2 孔雀石（マラカイト）、銅を含む二次鉱物、古代エジプトで宝石として珍重された。その粉末は「マウンティングリーン」、青丹（あおに）などと呼ばれ、緑色の発色の顔料であった。

3 森田慶一　訳注『ウィトルーウィウス建築書』東海大学出版会、一九七九年九月。

4 パトリツィア・マルゲリータ「トロンプルイユとカラフルなファサード」一般社団法人ナレッジキャピタル、二〇一七年三月の記事などを参照。

5 一六六六年のロンドン大火では当時大半の建物が木造であったため、市街地の八十五%を焼き尽くし、それ以降市街地で木造建物は禁止された。

6 柳田國男『柳田国男集4—明治大正史世相篇』新編柳田国男集、筑摩書房、一九七八年八月。

7 財団法人文化財建造物保存技術協会編『重要文化財旧函館区公会堂　保存修理工事報告書』函館市、一九八三年三月。

8 財団法人文化財建造物保存技術協会編『重要文化財豊平館　保存修理工事報告書』札幌市、一九八六年七月。

9 トヨタ財団の設立五周年の記念事業として一九七九年にスタートし、一九九七年まで七回にわたり実施されたコンクール形式の市民研究助成プログラム。函館の町並み色彩研究は、一九八八年その第五回に応募し助成を受けた活動である。

10 麓　和善。専門は日本建築史と文化財保存修理で、財団法人文化財建造物保存技術協会のスタッフとして一九八六〜一九八八年、重要文化財函館ハリストス正教会復活聖堂保存修理工事を担当していた。一九九一年に名古屋工業大学に戻り、現在教授。

2章

1 日本ペイント株式会社　社史編纂室　編『日本ペイント百年史』日本ペイント株式会社、一九八二年十二月、五十一頁の表、明治二十九年八月三十日商品改定価による。

2 前掲1、および日本ペイント株式会社塗料相談室、米沢猛夫氏（日本ペイント販売北海道株式会社）へのヒアリングによる。

3 遺愛女学校には竣工当時の記念写真が所蔵されている。これを見ると、白黒写真のため色の特定はできないが、外壁と窓枠・柱型をくらべると、外壁のほうが黒っぽくて暗い色で、窓枠・柱型の方が白っぽくて明るい色であった。図3の一九〇八年（明治四十一）創建時の、外壁一層目の暗緑色と窓枠一層目のオフホワイトの組み合わせと推定される。戦中、戦後の一時期を除き、一九二三年（大正十二）頃から現在までずっと継続してきた、外壁はピンク系の色、窓枠等は白色とする塗り分けとは異なるもので、全体のイメージも大きく違い、大変興味深い。

4 北海道大学工学部建築工学科足達研究室によっておこなわれた。

5 圓山貞吉 著『函館市制實施記念寫眞帖』一九二二年を参照。

6 元町倶楽部・函館の色彩文化を考える会 編『港町・函館における色彩文化の研究―下見板のペンキ色彩の復原的考察を通して』（トヨタ財団助成研究報告書、C―020、一九九一年十二月）の六十五～七十二頁を参照。

7 外壁材の張り替えで外壁のペンキ層は抽出できなかったが、他の窓枠等からペンキ層を確認でき、かつては外壁も塗装されていたと推定されるもの。

8 越野武 著『北海道における初期洋風建築の研究』北海道大学図書刊行会、一九九三年二月を参照。

9 前掲1を参照。

10 前掲8、二百五十一～二百五十二頁を参照。

11 この写真は俗に「横浜写真」と称され、横浜で売られた、外国人向けのお土産用の着色写真の一つである。石黒コレクション保存会が所蔵している。具体的な撮影地は、写真上方の港に向かって左手前からのびる道路が現在の八幡坂の通りで、それに直交する道路が当時大通り筋と呼ばれた、現在の電車通りである。このあたりは一九〇七年（明治四〇）の大火で焼失しており、この横浜写真がそれ以前に撮影されたものであることは間違いない。また、一八八九年（明治二十二）頃の大通り筋の町並復原立面図（函館市教育委員会 編『函館市西部地区の町並―弁天町・弥生町地区伝統的建造物群調査報告』函館市、一九八四年三月の五～六頁）と照らし合わせてみると、この写真で正面をみせて並んでいる建物4棟すべてが記載されている。したがって、この写真の撮影時期として伝えられている明治中期頃というのは妥当なところであると考える。

12 前掲8、二百五十四頁を参照。

13 関西ペイント株式会社 社史編纂委員会 編『明日を彩る 関西ペイント六十年のあゆみ』関西ペイント株式会社、一九七九年五月。

14 前掲1、を参照。

15 前掲13、を参照。

16 落合治彦所蔵の『改訂防護団員必携（津軽要塞指令部監修）』函館市防空本部発行、一九三八年。これによれば、偽装の方法として「迷彩」があげられ、また偽装を必要とする物件として「軍事用建物、公共用建築物、他の誘導目標となる建築物又は各種構築物」があげられている。

17 前掲1、を参照。

18 前掲13、を参照。

19 児島修二 著『建築塗装の手引き』、学芸出版社、一九八八年。

20 財団法人文化財建造物保存技術協会 編『重要文化財 旧函館区公会堂 保存修理工事報告書』函館市、一九八三年三月。

3章

1 中野卓・桜井厚 編『ライフヒストリーの社会学』株式会社弘文堂、一九九五年二月。

2 間場寿一 編『地方文化の社会学』世界思想社、一九九八年一月の中の小林多寿子「第十一章　ライフヒストリーのなかの地域」を参照。

3 函館市教育委員会 編『函館市西部地区の町並 元町・末広町地区伝統的建造物群調査報告』函館市、一九八三年三月、によれば、一八七八年（明治十一）年焼失戸数九百五十四戸、一八七九年（明治十二）焼失戸数二千二百四十五戸、一八九六年（明治二十九）焼失戸数二千二百八十戸、一九〇七年（明治四十）焼失戸数一万二千三百九十戸、一九三四年（昭和九）焼失戸数一万一千七十六戸、があげられている。

4 一九三七年（昭和十二）に公布された防空法にもとづき、重要な建物や公共的な建物等は偽装、迷彩が義務づけられていた。

5 函館文化服装学院は、函館市教育委員会 編『函館市西部地区の町並 弁天町・弥生町地区伝統的建造物群調査報告』函館市、一九八四年三月の歴史的建造物リストに掲載された八十五件のうちの一つである。なお、筆者らが時層色環の調査をおこなった直後の一九八八年五月に取り壊され、現存していない。

6 財団法人文化財建造物保存技術協会 編『重要文化財 旧函館区公会堂保存修理工事報告書』函館市、一九八三年三月の「第五節 細部の調査と修理」の「十二 塗装」（二百五十九～二百六十頁）に詳述されている。

7 児島修二 著『建築塗装の手引き』学芸出版社、一九八八年を参照。

8 間場寿一 編『地方文化の社会学』世界思想社、一九九八年一月の中の小林多寿子「第十一章　ライフヒストリーのなかの地域」二百四十四～二百六十六頁を参照。

4章

1 神戸市教育委員会 編『異人館復興―神戸市伝統的建造物修復記録』住まいの図書館出版局、一九九八年一月二十日によれば、「『異人館』とは、神戸市北野・山本地区周辺の伝統的建造物群のなかでも、とりわけ一般の人々に親しまれている、明治から昭和初期にかけてつくられた一連の洋風住宅を指す」とある。

2 神戸市教育委員会事務局社会教育部文化財課 編集・発行『異人館のある町並み　北野・山本　神戸市北野町山本通重要伝統的建造物群保存地区・20周年記念』二〇〇〇年三月。

3 神戸市都市計画局・神戸市教育委員会発行『北野・山本地区景観ガイドライン　神戸らしい都市景観をめざして』一九八九年度および前掲2を参照。

4 小松益喜 著『小松益喜画集 神戸の異人館』神戸新聞出版センター、一九七六年十一月。

5 小松益喜 著『小松益喜素描集 戦前・後の神戸異人館』神戸新聞出版センター、一九七九年十二月。

6 中村敏子 企画・編集『近岡善次郎描く懐かしき 明治の西洋館』製作：㈱求龍堂、発行：東日本旅客鉄道㈱、一九九〇年二月。

7 堀辰雄 著「旅の絵」河野仁昭 編『ふるさと文学館 第三十四巻【兵庫】』三十五〜四十七頁所収、株式会社ぎょうせい、一九九四年四月。

8 財団法人文化財建造物保存技術協会 編『重要文化財小林家住宅保存修理工事報告書』重要文化財小林家住宅修理委員会、一九八九年九月の九十六頁を参照。

9 一九九〇年当時の神戸市教育委員会文化財係・浜田有司氏の証言（元町倶楽部・函館の色彩文化を考える会 編『港町・函館における色彩文化の研究—下見板のペンキ色彩の復原的考察を通して』トヨタ財団助成研究報告書、C—020、一九九一年十二月の百十八頁を参照）。

10 時層色環調査対象建物は、小松画集では八点、小松素描集では一点が該当したが、他の多くは現存しない異人館であった。

11 小松素描集の巻末にある作品の場所位置図と、建物ファサードの意匠から、浅木邸と確認できる。所有者の浅木氏と神戸市役所にも確認した。

12 財団法人文化財建造物保存技術協会 編『重要文化財小林家住宅保存修理工事報告書』重要文化財小林家住宅修理委員会、一九八九年九月の九十六頁を参照。

13 前掲7、四十二頁を参照。

14 前掲4の作品「9 大きなガス灯のある異人館」（一九三九）の解説文より。

15 前掲4の作品「22 グラッシャニ氏邸」（一九六五頃）の解説文より。建物は調査時にはグラシニアという名のレストランであったが、小松益喜氏は著作でグラッシャニ氏邸と書いている。そのため同じ建物であるが違う表記になっている。

16 前掲4の作品「6 古い門・古い家」（一九三六〜三七）の解説文より。

17 日本ペイント株式会社 社史編纂室 編『日本ペイント百年史』日本ペイント株式会社、一九八二年十二月および関西ペイント株式会社 社史編纂委員会 編『明日を彩る 関西ペイント六十年のあゆみ』関西ペイント株式会社、一九七九年五月十七日を参照。

18 色の選択自由のない時代には、多くの建物は白色や暗色の限られた色で、かつ塗り分けでなく、単色に塗られていた。

19 SPNEAとは“Society for the Preservation of New England Antiquities”の略で、現在は“Historic New England”という組織になっている。

20 Gregory K. Clancey（グレゴリー・クランシー）。一九九一年の調査時はSPNEAの職員でArchitectural Conservatorであったが、現在はシンガポール国立大学准教授。

21 Morgan Philips “Some Notes on Paint Research and Reproduction”.

22 我々の「こすり出し」“Scrubbing”に対し、グレゴリーはモーガン・フィリップスの方法を“Cratering”と呼んでいた。

23 所属はいずれも当時のものである。

24 グレゴリー・クランシー氏へのヒアリングによる。

5章

1 財団法人トヨタ財団第5回研究コンクール“身近な環境を見つめよう”。

2 元町倶楽部・函館の色彩文化を考える会 編『港町・函館における色彩文化の研究—下見板のペンキ色彩の復原的考察を通して』トヨタ財団助成研究報告書、C—020、一九九一年十二月。

3 ペンキ塗り替え支援・札幌勝手連（代表：江國智洋）『公益信託函館色彩まちづくり基金助成活動 最終報告書：歴史的な下見板建築のペンキ塗り替え』全五頁、一九九五年二月を参照。

4 ペンキ塗り替え勝手連（代表：小林靖樹）『公益信託函館色彩まちづくり基金助成活動 最終報告書：まちなみペンキ塗り替えワークショップ』全三十三頁、一九九七年二月。

5 ペンキ塗りボランティア隊（代表：糸毛治）『公益信託函館色彩まちづくり基金助成活動 最終報告書：下見板張り町家ペンキ塗りワークショップ』全二十六頁、一九九九年一月を参照。

6 ペンキ塗りボランティア隊（代表：耶雲恵）『公益信託函館色彩まちづくり基金助成活動 最終報告書：下見板張り町家ペンキ塗りワークショップ』全二十二頁、二〇〇〇年一月を参照。

7 ペンキ塗りボランティア隊（代表：山下義行）『公益信託函館色彩まちづくり基金助成活動 最終報告書：3軒効果町並改善 Part4—町家ペンキ塗りワークショップ』全十九頁、二〇〇一年二月を参照。

8 ペンキ塗りボランティア隊（代表：水上誉大）『平成十五年度 公益信託函館色彩まちづくり基金助成活動 最終報告書：二〇〇三・ペンキ塗りワークショップ—市民との交流の展開』全二十一頁、二〇〇四年二月。

9 ペンキ塗りボランティア隊（代表：鴨川木綿子）『公益信託函館色彩まちづくり基金助成活動 最終報告書：二〇〇四・ペンキ塗りワークショップ—歴史的建造物保存の可能性』全三十二頁、二〇〇五年二月を参照。

10 ペンキ塗りボランティア隊（代表：花本達郎）『公益信託函館色彩まちづくり基金助成活動 最終報告書：二〇〇五・ペンキ塗りワークショップ—市民との交流の展開』全二十八頁、二〇〇六年二月を参照。

11 ペンキ塗りボランティア隊（代表：小野めぐみ）『公益信託函館色彩まちづくり基金助成活動 最終報告書：二〇〇六・ペンキ塗りワークショップ—地域商店街の町並み色彩の改善をめざして』全三十頁、二〇〇七年二月を参照。

6章

1 Elizabeth Pomada & Michael Larsen "Painted Ladies" E.P.Dutton, New York,1978.

2 前掲書1を参照。

3 サンフランシスコ地震。サンアンドレアス断層が動き、大きな被害が発生した。地震による死亡者の数は五百人〜三千人とも言われる。

4 一九一五年（大正四）二月二十日から十二月四日まで開催された。世界三十二ケ国が参加して、会期中一九〇〇万人が訪れた。サンフランシスの復興を世界にアピールした。

5 Butch Kardum.

6 "Memorial University of Newfoundland – Digital Archives Initiative" の資料などを参照。

7 Red Ocher（レッドオーカー）、赤褐色の顔料。酸化鉄を主成分とする土で、古くから用いられてきた。

8 ニューファンドランド&ラブラドール歴史トラスト "Newfoudland and

"Labrador Historic Trust"一九六六年設立のノンプロフィット組織。

9 "Heritage Foundation of Newfoudland and Labrador"は一九八四年にニューファンドランド&ラブラドール州が出資して誕生した。一九七〇年～二〇〇〇年の間にカナダでは、地域の歴史的建造物の21～23%が消失したと言われるように、歴史遺産の保全に危機感を持った政府がHistoric Resources Act（歴史資源法）に基づき設立した。

10 C. A. Sharpe "The Devil's In The Details: Benign Neglect and the Erosion of Heritage in St. John's, Newfoundland".
C. A. Sharpe : Urban Geographer, Memorial Universityによる。

11 Templeton Trading Inc.

12 Mussels in the Corner.

13 Beachy Cove.

14 Acorn Brown.

15 柳田桃子、柳田良造「農山村地域での課題発見型イベントによる地域づくりの展開」『日本建築学会計画系論文集』第七六三号、二〇一九年九月。

16 You Tubeの動画は、"St John's Colours 2017 ©Nine Island Communications and FTLOL".

17 Tidy Towns Competition.

18 Jeroen Koolhaas（建築家レム・クールハースの息子）とDre Urhahnのアーティスト・デュオ。HAAS & HAHNと略す。

19 TED Conferenceでの二人の講演がビデオ・オン・デマンドで無料配信されている。TEDとは"Technology Entertainment Design"で、ニューヨークに本部があるLLCの非営利団体であり、毎年、大規模な世界的講演会「TED Conference」を開催している。
講演タイトルは"How paintings can transform communities" HAAS & HAHN / TEDGlobal 2014である。

20 The Guardian（ガーディアン紙）はイギリスの大手一般新聞の一つである。

21 Rama, Edi Kristag（エディ・ラマ）。アルバニア美術アカデミー教授を務め、一九九〇年代の民主化運動に参加、二〇〇〇年～二〇一一年ティラナ市長。その後社会党党首となり、二〇一三年六月の議会選で勝利し、九月にはアルバニア首相に就任する。

22 講演タイトルは"Take Back your City with Paint"（邦題：色を使って街を取り戻す）TEDxThessaloniki 2015である。

23 前掲22の講演内容より。

7章

1 森田慶一 訳注『ウィトルーウィウス建築書』東海大学出版会、一九七九年九月。

2 太田省一 著『世界の美しい色の建築』エクスナレッジ、二〇一七年十月を参照。

3 千代章一郎、鈴木基紘「ル・コルビジュエの建築色彩理論と環境概念」『日本建築学会計画系論文集』第五八二号、二〇〇四年八月。

4 マンフレッド・シュパイデル 『ブルーノ・タウト 1880-1938』、セゾン美術館、一九九四年六月。

5 沢 良子「色彩の空間構成、色彩のある建築―ブルーノ・タウトの建築における色彩の展開」『美学』四六号 美学会、一九九五年を参照。

6 前掲書5を参照。

7 前掲書5のなかでの、Bruno Taut, "Drei Speidlungen", Wasmutyhs Monatshefte Für Kunst, no.4, 1919/20, p.183.

8 前掲書5を参照。

9 Luis Ramiro Barragan Morfin. 一九〇二年〜一九八八年、メキシコの建築家・都市計画家。

10 ルイス・バラガンの建築と色彩については、大河内 学 編著『ルイス・バラガン空間の解読』彰国社、二〇一五年六月を参照。

11 ハンナ・アーレント 著『人間の条件』ちくま学芸文庫、一九九四年十月を参照。

12 山本理顕 著『権力の空間／空間の権力 個人と国家の〈あいだ〉を設計せよ』講談社 二〇一五年四月を参照。

13 ミルトン・アッバスについては、その存在を山森芳郎著『キーワードで読むイギリスの田園風景』柊風舎、二〇〇七年三月から知った。

14 柳田国男 著『豆の葉と太陽』のなかの「美しき村」（定本柳田国男集第二巻）、筑摩書房、一九六二年。

15 山本理顕 著『住居論』住まいの図書館出版局、一九九三年八月。

16 フリードリヒ・フォン・ハイエク。オーストリアのウィーン生まれの経済学者、哲学者。

17 『都市住宅』7508「発見的方法：吉阪研究室の哲学と手法その1」一九七五年八月、鹿島出版会。

18 Donald Appleyard ケビン・リンチなど共に都市のイメージの研究を行った。D.Appleyard Lynch & J.R.Myer "The View from the Road", MIT Press, 1964.

19 Heavy Enviroment, Light Enviroment

20 Broken Windows Theory。1982年、アメリカの犯罪学者ジョージ・ケリングらが考案した。

柳田良造（やなぎだ　りょうぞう）

1950年徳島市に生まれる。1975年北海道大学工学部建築工学科卒業。1981年早稲田大学大学院理工学研究科博士後期課程単位取得満期退学。博士（工学）。（株）柳田石塚建築計画事務所代表、プラハアソシエイツ株式会社代表を経て2008年より岐阜市立女子短期大学生活デザイン学科教授。主な著書に『シリーズ地球環境建築・専門編１』（共著、彰国社、2010年）、『北海道開拓の空間計画』（北海道大学出版会、2015年）、他。主な建築作品に「ニセコ生活の家」「もみじ台の家」「山鼻コーポラティブハウス」「発寒ひかり保育園」「当別田園住宅」、他。2013年日本建築学会賞（論文）、2017年日本建築学会教育賞。

森下　満（もりした　みつる）

1952年北海道芽室町に生まれる。1975年北海道大学工学部建築工学科卒業。北海道大学大学院工学研究院・助教。博士（工学）。主な著書に『北海道の住宅と住様式』（共著、北海道大学図書刊行会、1982年）、『町並み色彩学Ⅰ－港町・函館における色彩文化の研究』（共著、元町倶楽部・函館の色彩文化を考える会、1991年）、『まちづくり公益信託研究』（共著、まちづくり公益信託研究会編著、トラスト60研究叢書、1994年）、『みんなで30年後を考えよう　北海道の生活と住まい』（共著、30年後の住まいを考える会編著、中西出版株式会社、2014年）、他。2017年日本建築学会教育賞。

色を使って街をとりもどす　コミュニティから生まれる町並み色彩計画

2020年3月31日　　第１版第１刷発行

著　　者　柳田良造・森下　満

発 行 者　前田裕資

発 行 所　株式会社 学芸出版社
〒600-8216　京都市下京区木津屋橋通西洞院東入
電話 075-343-0811
http://www.gakugei-pub.jp/
E-mail info@gakugei-pub.jp

編集担当　前田裕資

印刷製本　シナノパブリッシングプレス

編集協力
装　　丁　KOTO DESIGN Inc.　山本剛史

ISBN 978－4－7615－3256－7